案例视频精讲系列

# ANSYS 17.0 案例分析视频精讲

云杰漫步科技 CAX 教研室

张云杰 尚 蕾 编著

电子工业出版社
Publishing House of Electronics Industry
北京·BEIJING

## 内 容 简 介

本书针对用ANSYS软件进行应用分析和计算的用户，依托ANSYS 17.0软件的实用功能，以精选的案例为主线，介绍ANSYS有限元分析的全过程，重点介绍ANSYS 17.0经典实用案例的操作步骤，内容包括建立模型、薄板平面应力问题分析、传动轴对称问题分析、结构梁分析、球和平面接触分析、机翼模态分析、弹簧质量系统受谐载荷谐响应分析、滑动摩擦瞬态动力学分析、板梁结构响应谱分析、细长杆屈曲分析、橡胶圆筒受压分析、撞击刚性墙分析、复合材料梁弯曲分析、板状构件疲劳分析、结构断裂分析等多个实用案例，同时结合案例依次介绍各类型分析的操作流程，以及复杂综合案例的演示。本书通过精选案例+视频精讲的方式，配有交互式多媒体教学光盘，便于读者学习和理解。

本书结构严谨、内容翔实，知识全面，可读性强，设计案例专业性强，步骤清晰，是广大读者快速掌握ANSYS的自学实用指导书，同时更适合作为职业培训学校和大专院校相关课程的指导教材，也可供相关领域的科研人员、企业研发人员，特别是从事应用计算的人员学习参考。

未经许可，不得以任何方式复制或抄袭本书之部分或全部内容。
版权所有，侵权必究。

**图书在版编目（CIP）数据**

ANSYS 17.0案例分析视频精讲 / 张云杰，尚蕾编著. —北京：电子工业出版社，2017.8
（案例视频精讲系列）
ISBN 978-7-121-31983-9

Ⅰ. ①A… Ⅱ. ①张… ②尚… Ⅲ. ①有限元分析—应用软件—教材 Ⅳ. ①O241.82-39

中国版本图书馆CIP数据核字（2017）第139822号

策划编辑：许存权
责任编辑：许存权　　　特约编辑：谢忠玉 等
印　　刷：北京京师印务有限公司
装　　订：北京京师印务有限公司
出版发行：电子工业出版社
　　　　　北京市海淀区万寿路173信箱　邮编 100036
开　　本：787×1 092　1/16　印张：29.5　字数：758千字
版　　次：2017年8月第1版
印　　次：2019年2月第2次印刷
定　　价：69.00元

凡所购买电子工业出版社图书有缺损问题，请向购买书店调换。若书店售缺，请与本社发行部联系，联系及邮购电话：(010) 88254888，88258888。
质量投诉请发邮件至 zlts@phei.com.cn，盗版侵权举报请发邮件至 dbqq@phei.com.cn。
本书咨询联系方式：(010) 88254484，xucq@phei.com.cn。

# Preface/前言

本书是"案例视频精讲"系列丛书中的一本，本丛书是建立在云杰漫步科技 CAX 教研室和众多 CAE 软件与 CFD 软件公司长期密切合作的基础上，通过继承和发展各公司内部培训方法，并吸收和细化其在培训过程中客户需求的经典案例，推出的一套专业案例讲解教材。本书本着服务读者的理念，通过大量的经典实用案例，对 ANSYS 这个实用的 CAE 软件实际应用进行讲解，并配备案例视频讲解，使读者全面提升 ANSYS 应用水平。

ANSYS 软件是融结构、流体、电场、磁场、声场分析于一体的大型通用有限元分析软件，它能与多数 CAD 软件接口，实现数据共享和交换，是一个多用途的有限元计算机设计程序，可以用来求解结构、流体、电力、电磁场及碰撞等问题，是现代产品设计中的高级 CAE 工具之一。目前，ANSYS 公司推出了最新的 ANSYS 17.0 版本，它集分析应用之大成，代表了当今 CAE 软件的技术巅峰。本书针对使用 ANSYS 软件进行应用分析和计算的广大用户，依托 ANSYS 17.0 软件的实用功能，以精选的案例为主线，介绍 ANSYS 有限元分析的全过程，重点介绍 ANSYS 17.0 经典实用案例的操作步骤，主要内容包括建立模型、薄板平面应力问题分析、传动轴对称问题分析、结构梁分析、球和平面接触分析、机翼模态分析、弹簧质量系统受谐载荷谐响应分析、滑动摩擦瞬态动力学分析、板梁结构响应谱分析、细长杆屈曲分析、橡胶圆筒受压分析、撞击刚性墙分析、复合材料梁弯曲分析、板状构件疲劳分析、结构断裂分析等多个实用案例，同时，结合案例依次介绍各类型分析的操作流程，以及复杂综合案例的演示。书中每个案例都是作者独立设计分析的真实作品，每章都提供了独立、完整的操作过程，每个操作步骤都有详细的文字说明和精美的图例展示。本书还通过精选案例+视频精讲的方式，配有交互式多媒体教学光盘，便于读者学习和理解。

笔者的 CAX 教研室长期从事 ANSYS 专业分析和教学，数年来承接了大量的项目，参与 ANSYS 的教学和培训工作，积累了丰富的实践经验。本书就像一位专业教师，将项目运作时的思路、流程、方法和技巧、操作步骤面对面地与读者交流，是广大读者快速掌握 ANSYS 17.0 的自学实用指导书，同时更适合作为职业培训学校和大专院校相关课程的指导教材，也可供相关领域的科研人员、企业研发人员，特别是从事 CAE 应用的人员学习参考。

本书配备的交互式多媒体教学光盘,将案例操作过程制作成多媒体视频进行讲解,由从教多年的专业讲师全程多媒体语音视频跟踪教学,以面对面的形式讲解,便于读者学习使用。同时,光盘中提供了所有实例的源文件,以便读者练习时使用。关于多媒体教学光盘的使用方法,读者可以参看光盘根目录下的光盘说明,本书光盘内容请到华信教育资源网的本书页面下载(www.hxedu.com.cn)或与责任编辑联系(QQ:76584717)。另外,本书还提供了网络免费技术支持,欢迎读者到云杰漫步多媒体科技的网上技术论坛进行交流:http://www.yunjiework.com/bbs。论坛分为多个专业板块,可为读者提供实时的技术支持,解答读者问题。

本书由云杰漫步科技 CAX 教研室编写,参加编写工作的有张云杰、靳翔、尚蕾、张云静、郝利剑、贺安、郑晔、刁晓永、贺秀亭、乔建军、周益斌、马永健、马军、朱怡然、李筱琴。书中的设计案例、多媒体光盘均由北京云杰漫步多媒体科技公司设计制作,同时感谢电子工业出版社的编辑老师们的大力协助。

由于本书编写时间紧张,编写人员的水平有限,因此,书中可能还有不足之处,在此,编写人员表示歉意,望广大用户不吝赐教,对书中的不足之处给予指正。

编著者

# Contents/目录

- 第1章 模型建立精选案例 …………………… 1
  - 1.1 直接法实体建模案例 ………………… 2
    - 1.1.1 直接法创建实体模型简介 … 2
    - 1.1.2 创建楔形模型 ……………… 3
  - 1.2 自底向上建模方法案例 ……………… 12
    - 1.2.1 自底向上建模简介 ………… 12
    - 1.2.2 创建角撑模型 ……………… 13
  - 1.3 自顶向下建模方法案例 ……………… 31
    - 1.3.1 自顶向下建模简介 ………… 31
    - 1.3.2 创建固定件模型 …………… 32
  - 1.4 案例小结 ……………………………… 43
- 第2章 薄板平面应力问题分析案例 ………… 44
  - 2.1 案例分析 ……………………………… 45
    - 2.1.1 知识链接 …………………… 45
    - 2.1.2 设计思路 …………………… 47
  - 2.2 案例设置 ……………………………… 48
    - 2.2.1 创建模型主体 ……………… 48
    - 2.2.2 创建镜像实体 ……………… 60
  - 2.3 分析结果 ……………………………… 64
    - 2.3.1 模型网格化 ………………… 65
    - 2.3.2 模型分析 …………………… 70
  - 2.4 案例小结 ……………………………… 74
- 第3章 传动轴对称问题分析案例 …………… 75
  - 3.1 案例分析 ……………………………… 76
    - 3.1.1 知识链接 …………………… 76
    - 3.1.2 设计思路 …………………… 78
  - 3.2 案例设置 ……………………………… 78
    - 3.2.1 创建模型主体 ……………… 79
    - 3.2.2 创建轴的固定结构 ………… 89
  - 3.3 分析结果 ……………………………… 102
    - 3.3.1 模型网格化 ………………… 102
    - 3.3.2 模型分析 …………………… 109
  - 3.4 案例小结 ……………………………… 119
- 第4章 结构梁分析案例 ……………………… 120
  - 4.1 案例分析 ……………………………… 121
    - 4.1.1 知识链接 …………………… 121
    - 4.1.2 设计思路 …………………… 123
  - 4.2 案例设置 ……………………………… 123
    - 4.2.1 创建模型 …………………… 124
    - 4.2.2 模型网格化 ………………… 128
  - 4.3 分析结果 ……………………………… 131
    - 4.3.1 设置力、约束和载荷步 … 132
    - 4.3.2 模型分析 …………………… 141
  - 4.4 案例小结 ……………………………… 147

## 第 5 章 球和平面接触分析案例 148

- 5.1 案例分析 149
  - 5.1.1 知识链接 149
  - 5.1.2 设计思路 150
- 5.2 案例设置 151
  - 5.2.1 创建模型主体 151
  - 5.2.2 模型网格化 162
- 5.3 分析结果 167
  - 5.3.1 设置接触条件 167
  - 5.3.2 模型分析 182
- 5.4 案例小结 185

## 第 6 章 机翼模态分析案例 186

- 6.1 案例分析 187
  - 6.1.1 知识链接 187
  - 6.1.2 设计思路 189
- 6.2 案例设置 189
  - 6.2.1 创建模型主体 190
  - 6.2.2 模型网格化 197
- 6.3 分析结果 201
  - 6.3.1 设置载荷 201
  - 6.3.2 模型分析 205
- 6.4 案例小结 213

## 第 7 章 弹簧质量系统受谐载荷谐响应分析案例 214

- 7.1 案例分析 215
  - 7.1.1 知识链接 215
  - 7.1.2 设计思路 218
- 7.2 案例设置 218
  - 7.2.1 创建模型 219
  - 7.2.2 模态分析 229
- 7.3 分析结果 232
  - 7.3.1 谐响应分析 232
  - 7.3.2 后处理 237
- 7.4 案例小结 243

## 第 8 章 滑动摩擦瞬态动力学分析案例 244

- 8.1 案例分析 245
  - 8.1.1 知识链接 245
  - 8.1.2 设计思路 249
- 8.2 案例设置 250
  - 8.2.1 创建模型 250
  - 8.2.2 建立初始条件 258
- 8.3 分析结果 262
  - 8.3.1 施加载荷和约束 262
  - 8.3.2 瞬态求解及后处理 265
- 8.4 案例小结 277

## 第 9 章 板梁结构响应谱分析案例 278

- 9.1 案例分析 279
  - 9.1.1 知识链接 279
  - 9.1.2 设计思路 281
- 9.2 案例设置 282
  - 9.2.1 创建模型 283
  - 9.2.2 模态分析 299
- 9.3 分析结果 307
  - 9.3.1 谱分析 307
  - 9.3.2 谐响应分析 312
- 9.4 案例小结 317

## 第 10 章 细长杆屈曲分析案例 318

- 10.1 案例分析 319
  - 10.1.1 知识链接 319
  - 10.1.2 设计思路 321
- 10.2 案例设置 321
  - 10.2.1 创建模型 322
  - 10.2.2 静力分析 327
- 10.3 分析结果 332
  - 10.3.1 屈曲分析 332
  - 10.3.2 后处理 334
- 10.4 案例小结 338

## 第 11 章　橡胶圆筒受压分析案例 ………339
- 11.1　案例分析 ………340
  - 11.1.1　知识链接 ………340
  - 11.1.2　设计思路 ………343
- 11.2　案例设置 ………343
  - 11.2.1　创建模型 ………344
  - 11.2.2　划分网格 ………349
- 11.3　分析结果 ………355
  - 11.3.1　模型静力分析 ………355
  - 11.3.2　模型后处理 ………361
- 11.4　案例小结 ………363

## 第 12 章　撞击刚性墙分析案例 ………364
- 12.1　案例分析 ………365
  - 12.1.1　知识链接 ………365
  - 12.1.2　设计思路 ………368
- 12.2　案例设置 ………368
  - 12.2.1　创建模型 ………369
  - 12.2.2　模型网格化 ………375
- 12.3　分析结果 ………378
  - 12.3.1　模型静力分析 ………378
  - 12.3.2　后处理 ………385
- 12.4　案例小结 ………386

## 第 13 章　复合材料梁弯曲分析案例 ………387
- 13.1　案例分析 ………388
  - 13.1.1　知识链接 ………388
  - 13.1.2　设计思路 ………389
- 13.2　案例设置 ………390
  - 13.2.1　创建模型 ………390
  - 13.2.2　添加载荷 ………401
- 13.3　分析结果 ………405
  - 13.3.1　弯曲分析 ………405
  - 13.3.2　分析结果 ………410
- 13.4　案例小结 ………413

## 第 14 章　板状构件疲劳分析案例 ………414
- 14.1　案例分析 ………415
  - 14.1.1　知识链接 ………415
  - 14.1.2　设计思路 ………418
- 14.2　案例设置 ………419
  - 14.2.1　创建模型 ………419
  - 14.2.2　模型网格化 ………425
- 14.3　分析结果 ………426
  - 14.3.1　静力分析 ………427
  - 14.3.2　疲劳分析 ………433
- 14.4　案例小结 ………434

## 第 15 章　结构断裂分析案例 ………435
- 15.1　案例分析 ………436
  - 15.1.1　知识链接 ………436
  - 15.1.2　设计思路 ………439
- 15.2　案例设置 ………440
  - 15.2.1　创建模型 ………440
  - 15.2.2　模型网格化 ………453
- 15.3　分析结果 ………455
  - 15.3.1　静力分析 ………456
  - 15.3.2　断裂分析 ………461
- 15.4　案例小结 ………464

# 第 1 章

# 模型建立精选案例

 **本章导读**

随着计算机技术的飞速发展和广泛应用,有限元分析方法变成在计算数学、计算力学和计算工程科学领域中最有效的计算方法。随着有限元理论基础的日益完善,出现了很多通用和专用的有限元计算软件,ANSYS 大型通用程序应用比较广泛,它提供了两种方法生成模型,即直接生成模型和实体建模。根据有限元理论,最终有限元计算利用的是有限元模型,而一般能够看见的则是所要分析物体的几何形状。例如,有关电机的有限元计算中,人们可以看见电机的转子或定子的实体。

直接法生成的模型一种是有限元模型,它包括单元和节点。另一种是实体模型,是描述模型的几何边界,建立对单元、大小及形状的控制,然后用 ANSYS 程序自动生成所有的节点和单元。ANSYS 程序提供了两种创建实体模型的方法,即自底向上与自顶向下。

在 ANSYS 中,对简单和小型模型,采用直接设置单元和节点来生成有限元模型的直接生成法比较方便。用户可以完全控制几何形状及每个节点和单元的编号。对于复杂模型,一般是先建立其实体模型,然后网格化,以得到有限元模型。这样做的好处是因为实体建模所需处理的数据量相对较少,而且支持布尔运算,能够进行自适应网格划分,便于几何改进和单元类型的变化,所以对三维实体模型更为适合。因此,这样不仅可以减少数据处理的工作量,还可以利用 ANSYS 提供的拖拉、拉伸、旋转和拷贝等命令减少建模的工作量。

| 学习要求 | 学习目标<br>知识点 | 了解 | 理解 | 应用 | 实践 |
|---|---|---|---|---|---|
| | 直接法实体模型的优缺点 | √ | √ | | |
| | 自底向上建模方法和优点 | √ | √ | √ | √ |
| | 自顶向下建模方法和缺点 | | √ | √ | √ |
| | | | | | |
| | | | | | |

## 1.1 直接法实体建模案例

本例要创建的楔形模型由节点和单元组成，首先创建节点，再使用单元命令进行连接，组成实体模型。

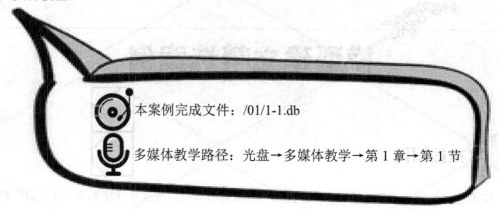

本案例完成文件：/01/1-1.db

多媒体教学路径：光盘→多媒体教学→第 1 章→第 1 节

### 1.1.1 直接法创建实体模型简介

直接生成模型的方法是在定义 ANSYS 实体模型之前，确定每个节点的位置，以及每个单元的大小、形状和连接，直接创建节点和单元，模型中没有实体。

 提示：

实体模型并不参与有限元计算，所有施加在几何实体边界上的载荷或约束，必须最终传递到有限元模型上（节点或单元）进行求解，由于 ANSYS 把有限元模型的几何特征和边界条件的定义与有限元网格的生成分开进行，所以，减少了模型生成的难度。

直接法实体建模的优点如下。

# 第 1 章 模型建立精选案例

（1）对小型简单的模型生成较方便。
（2）使用户对几何形状及每个节点和单元的编号有完全的控制。

直接法实体建模方法的缺点如下。

（1）除最简单的模型外，都比较耗时，需要处理大量数据。
（2）不能使用自适应网格划分。
（3）使用优化设计变得不方便。
（4）改进网格划分十分困难。
（5）需要用户留意网格划分的每一个细节，更容易出错。

## 1.1.2 创建楔形模型

**Step1** 修改文件名称，如图 1-1 所示。

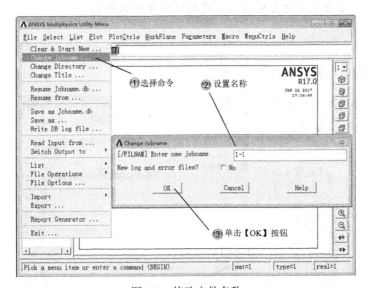

图 1-1　修改文件名称

**Step2** 修改标题名称，如图 1-2 所示。

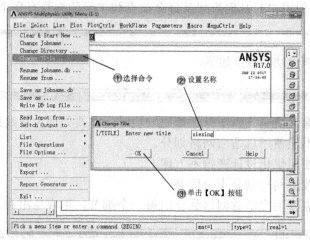

图 1-2　修改标题名称

 提示：

　　修改文件名称的作用是方便以后的使用；修改标题名称是为了迅速看到自己创建的模型是什么内容。

**Step3** 添加单元类型，如图 1-3 所示。

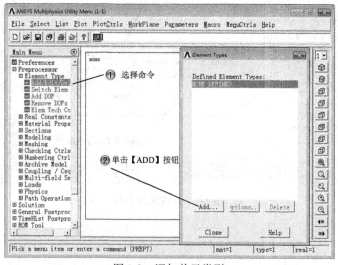

图 1-3　添加单元类型

**Step4** 设置单元类型，如图1-4所示。

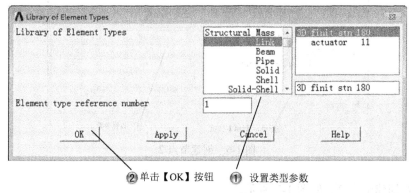

图1-4 设置单元类型

**Step5** 创建节点1，如图1-5所示。

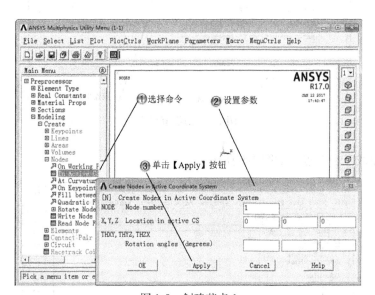

图1-5 创建节点1

> 提示：
>
> 关键点是在当前激活的坐标系内定义的。

**Step6** 创建节点 2，如图 1-6 所示。

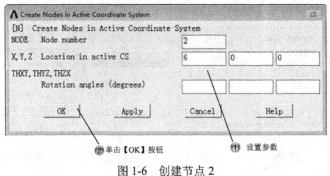

图 1-6　创建节点 2

**Step7** 创建节点 3，如图 1-7 所示。

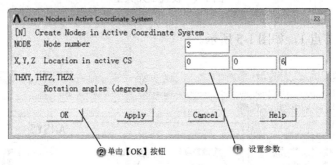

图 1-7　创建节点 3

**Step8** 完成 3 个节点，如图 1-8 所示。

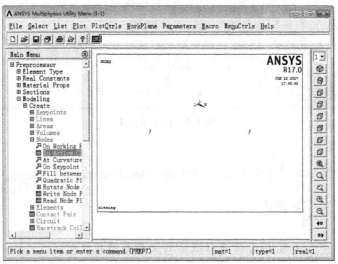

图 1-8　完成 3 个节点

# 第 1 章
## 模型建立精选案例

⚡ **Step9** 创建单元，如图 1-9 所示。

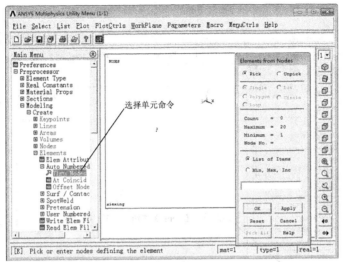

图 1-9　创建单元

 提示：

不必总是按从低级到高级的办法定义所有的图元来生成高级图元，可以直接在它们的项点由关键点来直接定义面和体。

⚡ **Step10** 绘制单元线，如图 1-10 所示。

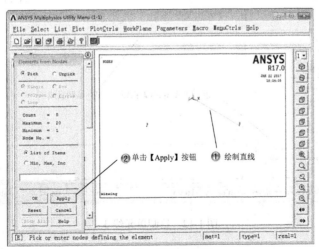

图 1-10　绘制单元线

**Step11** 绘制单元线 2,如图 1-11 所示。

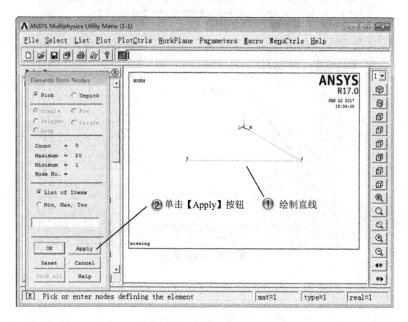

图 1-11　绘制单元线 2

**Step12** 绘制单元线 3,如图 1-12 所示。

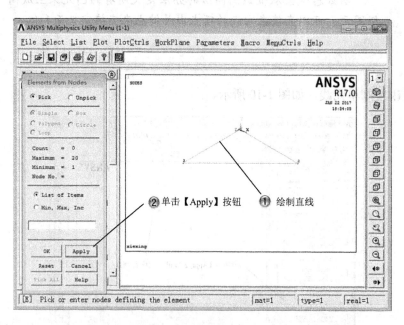

图 1-12　绘制单元线 3

**Step13** 创建节点 4，如图 1-13 所示。

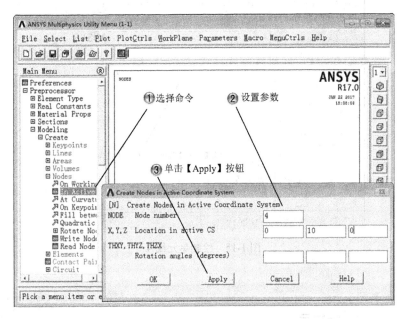

图 1-13　创建节点 4

**Step14** 创建单元，如图 1-14 所示。

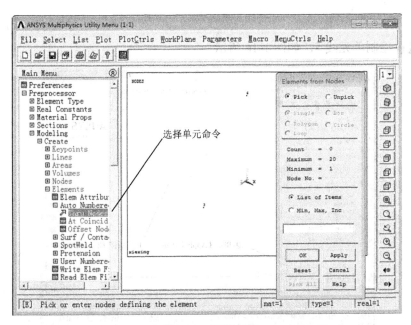

图 1-14　创建单元

**Step15** 绘制单元线4，如图1-15所示。

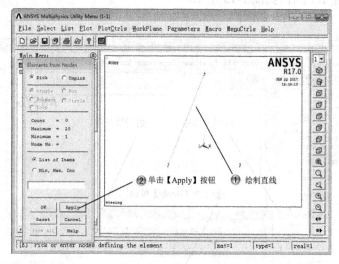

图1-15　绘制单元线4

 提示：

线主要用于表示实体的边。只有在生成线单元（如梁）或想通过线来定义面时，才需要专门定义线。

**Step16** 绘制单元线5，如图1-16所示。

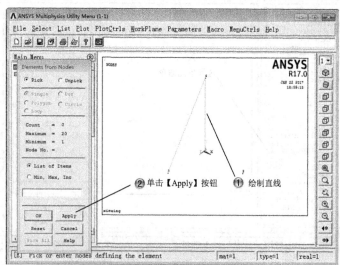

图1-16　绘制单元线5

**Step17** 绘制单元线 6，如图 1-17 所示。

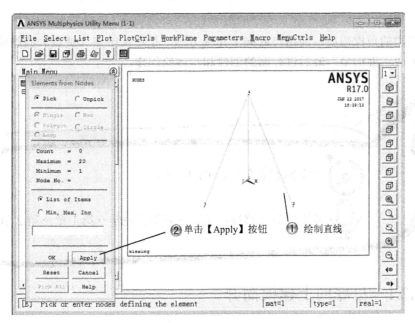

图 1-17　绘制单元线 6

**Step18** 完成楔形模型，如图 1-18 所示。

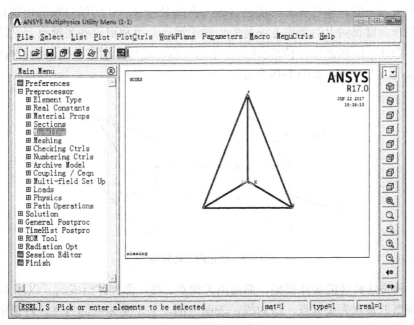

图 1-18　完成楔形模型

## 1.2 自底向上建模方法案例

本例创建的角撑模型,使用自底向上建模方法,是在关键点(硬点)的基础上绘制直线,从而形成三维构型,最后进行面的创建和实体的创建。

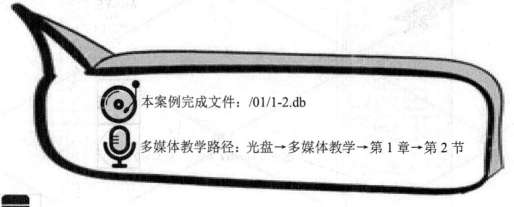

本案例完成文件:/01/1-2.db

多媒体教学路径:光盘→多媒体教学→第1章→第2节

### 1.2.1 自底向上建模简介

ANSYS 实体建模方法有两种,一种是自底向上,另一种是自顶向下。在介绍这两种方法之前,先介绍实体模型中各个对象的级别与它们之间的关系,实体模型中的对象是按照几何关系来划分的,包括关键点、线、面、体。

从几何关系上看,体包含面,面包含线,而线又包含点。所以对象的级别是由关键点到体依次上升。自底向上的建模方法是先创建关键点,再利用这些关键点定义比较高级的对象(依次为线、面和体)。例如先建立 4 个关键点,然后分别连成线,然后构成 1 个面,最后由面来构成 1 个体,如图 1-19 所示。

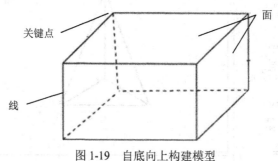

图 1-19 自底向上构建模型

任何一种方法构建的实体模型,都是由关键点、线、面和体组成的。以图 1-19 所示模型为例,模型的顶点为关键点,边为线,表面为面,整个实体内部为体。对象的级别关系是:体以面为边界,面以线为边界。线以关键点为端点,体为最高级对象。

提示:

高级对象是建立在低级对象之上，低级对象不能删除，否则高级对象就会坍塌。

实体建模具有如下优点。

(1) 需要处理的数据较少。
(2) 允许对节点和单元进行几何操作（如拖拉和旋转）。
(3) 支持使用面和体素（如多边形和圆柱体）及布尔运算（相交、相减等）以顺序建模。
(4) 便于使用 ANSYS 程序的优化设计功能。
(5) 便于自适应网格划分。
(6) 便于施加荷载之后进行局部网格细化。
(7) 便于几何上的改进。
(8) 便于改变单元的类型，不受分析模型的影响。

## 1.2.2 创建角撑模型

**Step1** 修改文件名称，如图 1-20 所示。

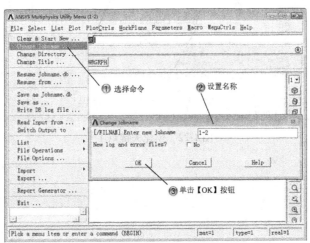

图 1-20 修改文件名称

**Step2** 修改标题名称，如图 1-21 所示。

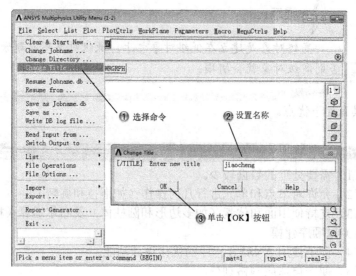

图 1-21　修改标题名称

**Step3** 创建关键点 1，如图 1-22 所示。

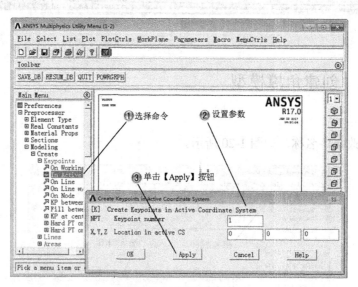

图 1-22　创建关键点 1

提示：

硬点实际上是一种特殊的关键点，它表示网格必须通过的点。

**Step4** 创建关键点 2，如图 1-23 所示。

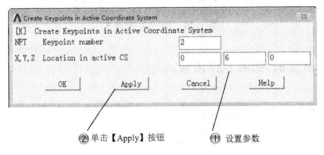

图 1-23　创建关键点 2

**Step5** 创建关键点 3，如图 1-24 所示。

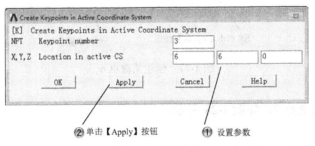

图 1-24　创建关键点 3

**Step6** 创建关键点 4，如图 1-25 所示。

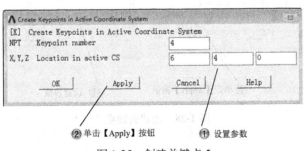

图 1-25　创建关键点 5

⚡ **Step7** 创建关键点 5,如图 1-26 所示。

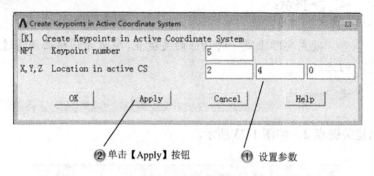

图 1-26 创建关键点 5

⚡ **Step8** 创建关键点 6,如图 1-27 所示。

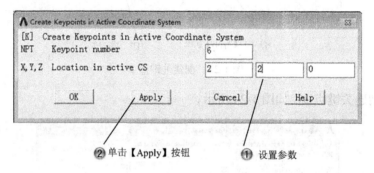

图 1-27 创建关键点 6

⚡ **Step9** 创建关键点 7,如图 1-28 所示。

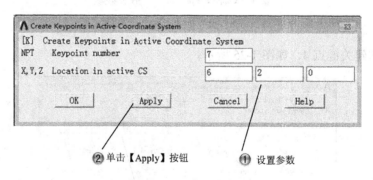

图 1-28 创建关键点 7

# 第 1 章 模型建立精选案例

⚡ **Step10** 创建关键点 8，如图 1-29 所示。

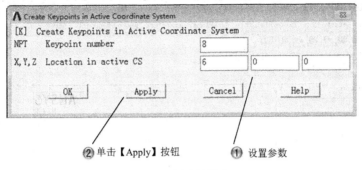

图 1-29　创建关键点 8

> ★ 提示：
> 
> 硬点不会改变模型的几何形状和拓扑结构，大多数关键点命令如 FK、KLIST 和 KSEL 等都适用于硬点，而它还有自己的命令集和 GUI 路径。

⚡ **Step11** 选择直线命令，如图 1-30 所示。

图 1-30　选择直线命令

**Step12** 绘制直线，如图 1-31 所示。

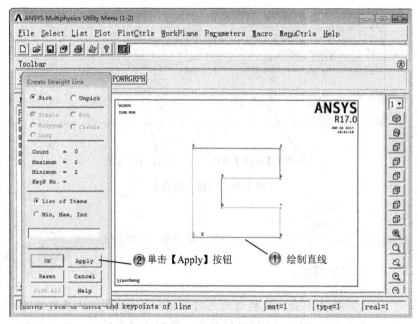

图 1-31 绘制直线

**Step13** 选择面命令，如图 1-32 所示。

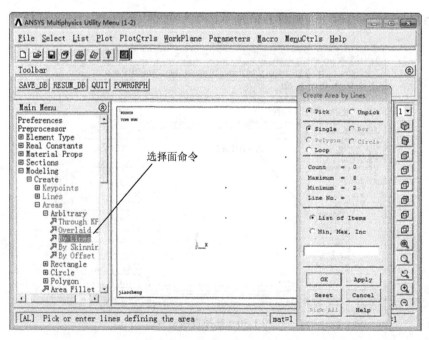

图 1-32 选择面命令

**Step14** 选择边线，如图 1-33 所示。

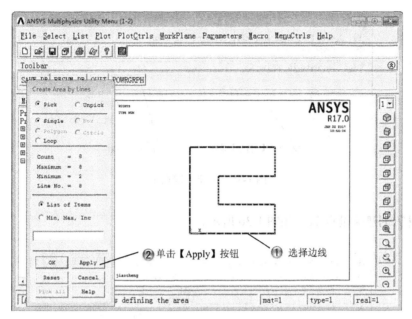

图 1-33　选择边线

**Step15** 创建关键点 9，如图 1-34 所示。

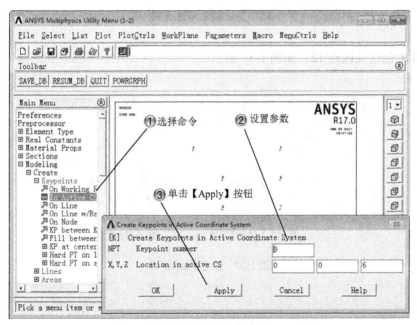

图 1-34　创建关键点 9

**Step16** 创建关键点 10，如图 1-35 所示。

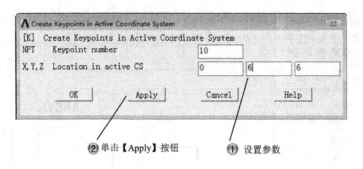

图 1-35　创建关键点 10

**Step17** 创建关键点 11，如图 1-36 所示。

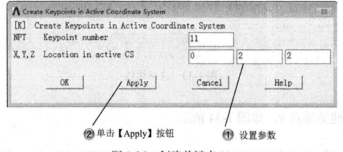

图 1-36　创建关键点 11

**Step18** 创建关键点 12，如图 1-37 所示。

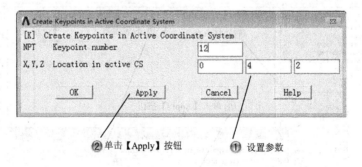

图 1-37　创建关键点 12

**Step19** 创建关键点 13，如图 1-38 所示。

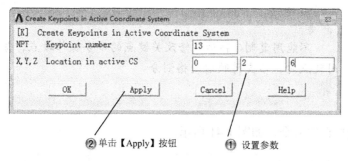

图 1-38　创建关键点 13

**Step20** 创建关键点 14，如图 1-39 所示。

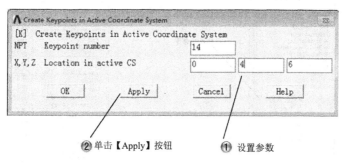

图 1-39　创建关键点 14

**Step21** 完成各个关键点的创建，如图 1-40 所示。

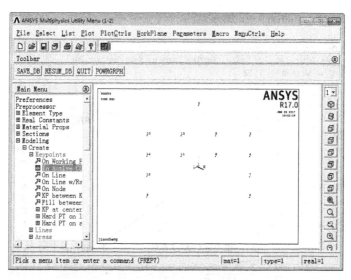

图 1-40　完成各个关键点的创建

提示:

不能用复制、移动或修改关键点的命令操作硬点;当使用硬点时,不支持映射网格划分。

**Step22** 选择直线命令,如图 1-41 所示。

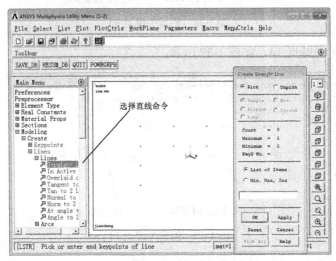

图 1-41 选择直线命令

**Step23** 绘制直线,如图 1-42 所示。

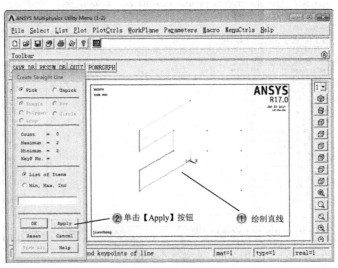

图 1-42 绘制直线

# 第 1 章
模型建立精选案例

**Step24** 选择面命令，如图 1-43 所示。

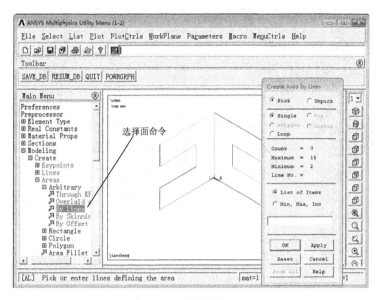

图 1-43　选择面命令

**Step25** 完成面的创建，如图 1-44 所示。

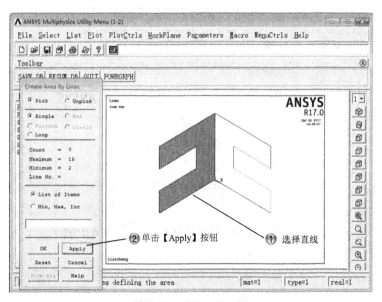

图 1-44　完成面的创建

**Step26** 选择直线命令，如图 1-45 所示。

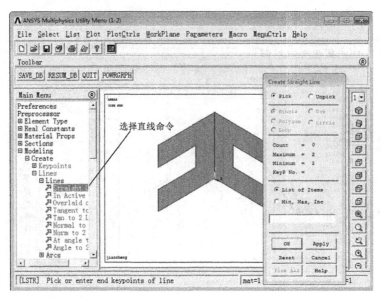

图 1-45 选择直线命令

**Step27** 绘制 6 条直线，如图 1-46 所示。

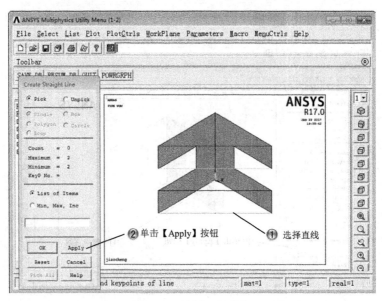

图 1-46 绘制 6 条直线

# 第 1 章 模型建立精选案例

**Step28** 选择面命令,如图 1-47 所示。

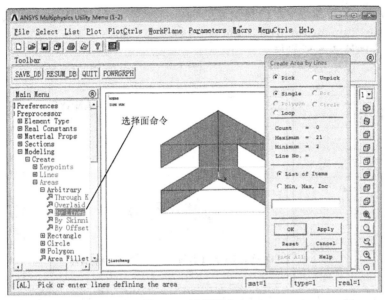

图 1-47 选择面命令

**Step29** 创建面 1,如图 1-48 所示。

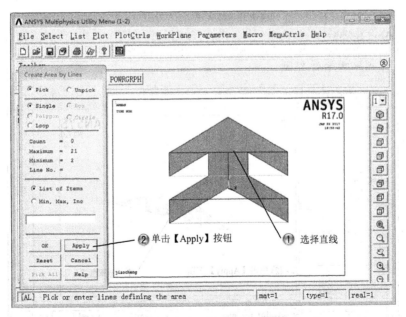

图 1-48 创建面 1

**Step30** 创建面 2,如图 1-49 所示。

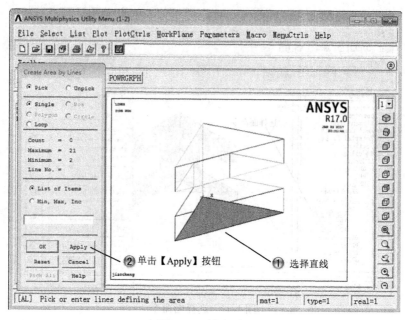

图 1-49　创建面 2

**Step31** 创建面 3,如图 1-50 所示。

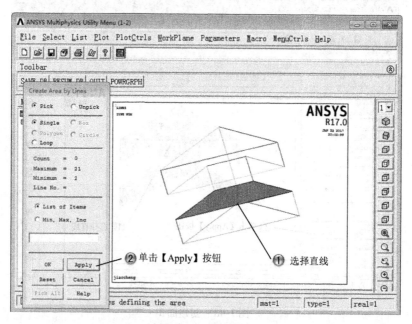

图 1-50　创建面 3

**Step32** 创建面 4,如图 1-51 所示。

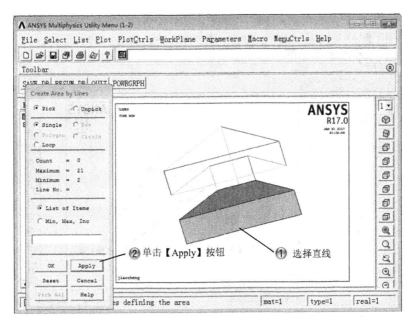

图 1-51　创建面 4

**Step33** 创建面 5,如图 1-52 所示。

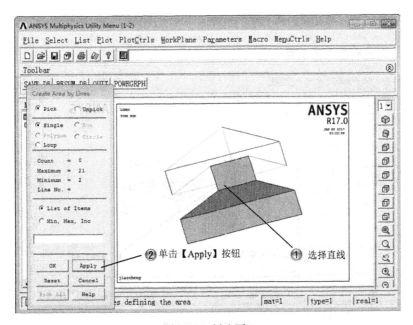

图 1-52　创建面 5

**Step34** 创建面 6，如图 1-53 所示。

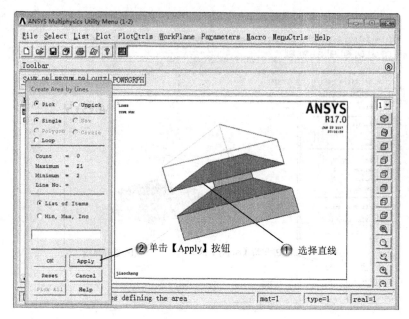

图 1-53　创建面 6

**Step35** 创建面 7，如图 1-54 所示。

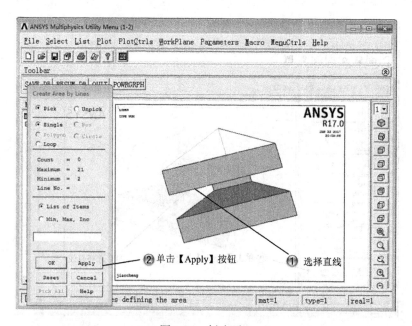

图 1-54　创建面 7

**Step36** 完成面的创建，如图 1-55 所示。

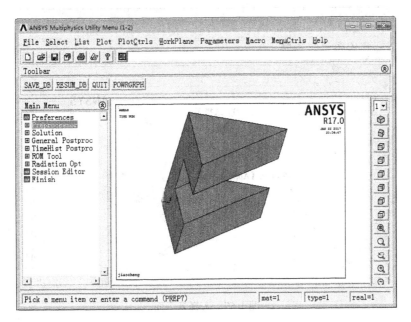

图 1-55　完成面的创建

**Step37** 选择实体命令，如图 1-56 所示。

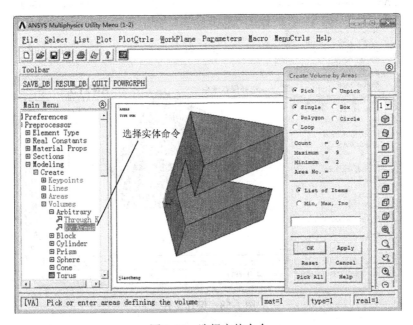

图 1-56　选择实体命令

Step38 选择各个面，如图 1-57 所示。

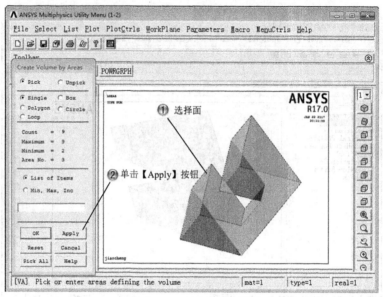

图 1-57　选择各个面

Step39 保存文件，如图 1-58 所示。

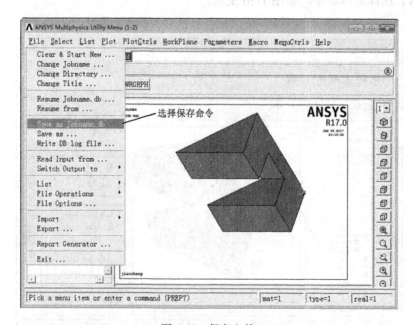

图 1-58　保存文件

# 1.3 自顶向下建模方法案例

本例创建的固定件模型，使用自顶向下的建模方法，首先设置模型参数，接着利用实体命令创建实体特征，中间利用实体特征进行布尔运算，得到新的实体特征，最后进行保存。

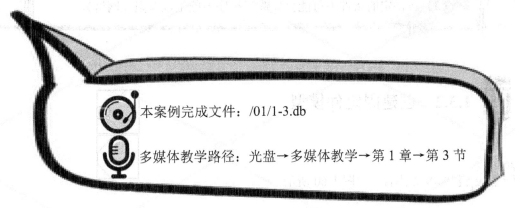

本案例完成文件：/01/1-3.db

多媒体教学路径：光盘→多媒体教学→第 1 章→第 3 节

 **1.3.1 自顶向下建模简介**

自顶向下的建模方法就是直接利用高级别的对象建立实体模型。例如，要建立一个圆柱，就可以直接利用 ANSYS 提供的圆柱体创建功能来生成，如图 1-59 所示。

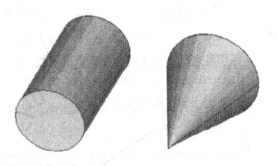

图 1-59 自顶向下建模

用这种方式，当用户定义 1 个体对象时，会自动的定义相关的关键点、线和面。用户用这些高级对象可以直接构造几何模型，如二维的圆和矩形以及三维的块、球、锥和柱体。

自顶向下进行实体建模时，定义一个模型的高级图元后，程序自动定义相关的面、线及关键点。之后利用这些高级图元直接构造几何模型。而自底向上进行实体建模时，首先定义关键点，然后依次得到相关的线、面、体。无论使用自顶向下还是自底向上方法建模，都能使用布尔运算来组合数据集，从而创建一个实体模型。ANSYS 程序提供了完整的布尔运算，如相加、相减、相交、分割、粘贴和重叠等。在创建复杂实体模型时，对线、面、体、基元的布尔操作能减少相当可观的建模工作量。

实体建模方法也具有以下缺点。

（1）需要大量的 CPU 处理时间。
（2）对小型简单的模型有时很繁琐，相比直接生成需要更多的数据。
（3）在特定的条件下可能会失败（程序不能生成有限元网格）。

### 1.3.2 创建固定件模型

**Step1** 修改文件名，如图 1-60 所示。

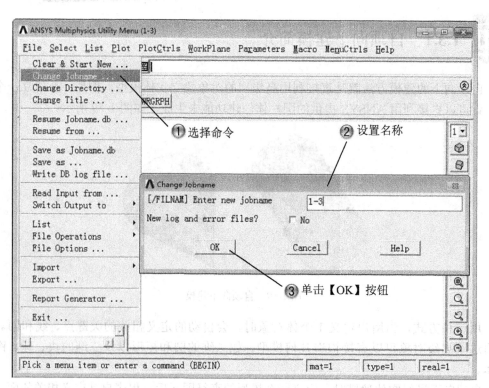

图 1-60 修改文件名

**Step2** 修改标题名，如图 1-61 所示。

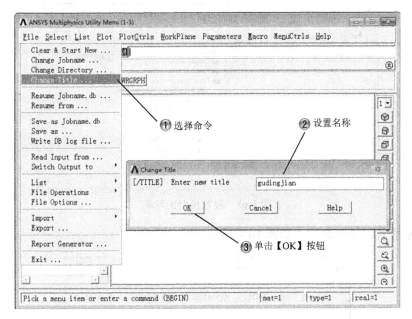

图 1-61　修改标题名

**Step3** 设置材料属性，如图 1-62 所示。

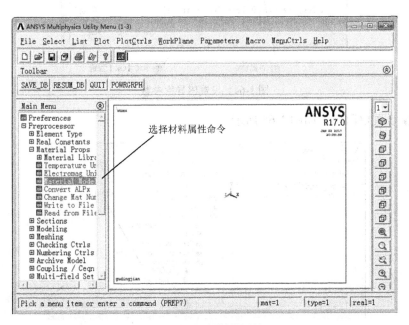

图 1-62　设置材料属性

**Step4** 设置模型磁导率，如图 1-63 所示。

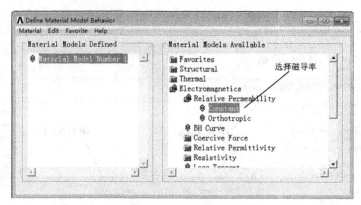

图 1-63　设置模型磁导率

**Step5** 设置磁导率参数，如图 1-64 所示。

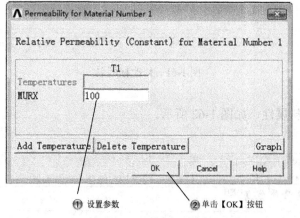

① 设置参数　　② 单击【OK】按钮

图 1-64　设置磁导率参数

**Step6** 设置电阻率，如图 1-65 所示。

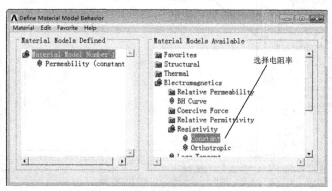

图 1-65　设置电阻率

# 第 1 章
模型建立精选案例

**Step7** 设置电阻率常量，如图 1-66 所示。

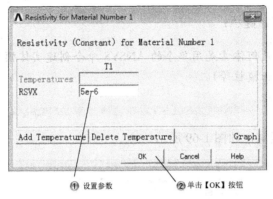

图 1-66　设置电阻率常量

**Step8** 创建圆柱体，图 1-67 所示。

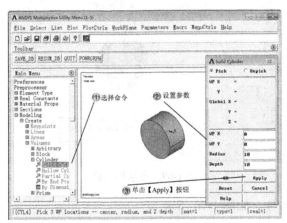

图 1-67　创建圆柱体

**Step9** 创建立方体，如图 1-68 所示。

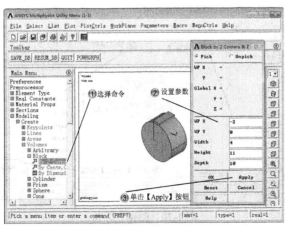

图 1-68　创建立方体

> 提示：
> 
> 几何体素是用单个的 ANSYS 命令创建实体模型的（如球、正棱柱等）。

**Step10** 布尔加运算，如图 1-69 所示。

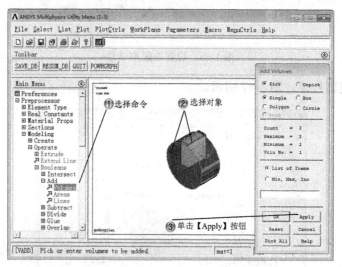

图 1-69　布尔加运算

**Step11** 创建立方体，如图 1-70 所示。

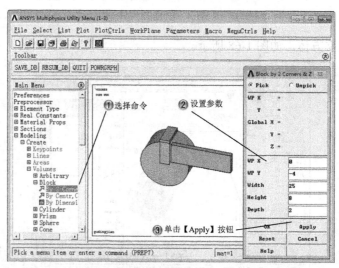

图 1-70　创建立方体

# 第1章 模型建立精选案例

**Step12** 创建圆柱体，如图1-71所示。

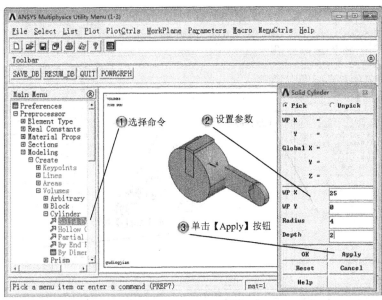

图1-71 创建圆柱体

**Step13** 布尔加运算，如图1-72所示。

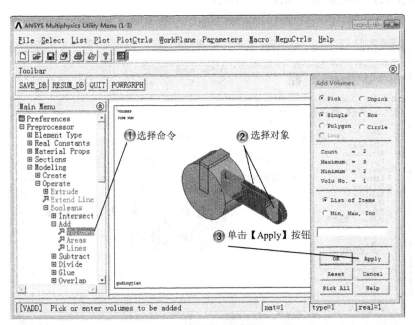

图1-72 布尔加运算

**Step14** 移动特征，如图 1-73 所示。

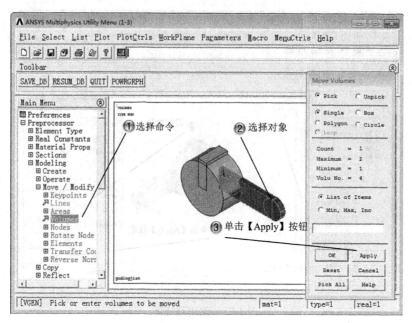

图 1-73　移动特征

**Step15** 设置移动参数，如图 1-74 所示。

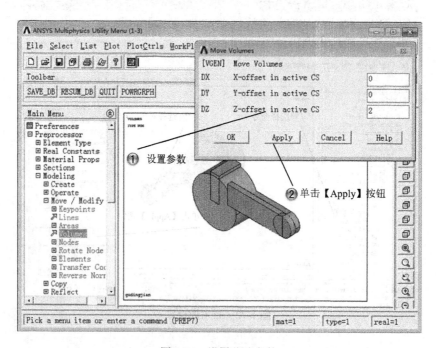

图 1-74　设置移动参数

# 第 1 章 模型建立精选案例

> 提示：
>
> 因为体素是高级图元，不用先定义任何关键点而形成，所以，称利用体素进行建模的方法为自顶向下建模。当生成一个体素时，ANSYS 程序会自动生成所有属于该体素的必要的低级图元。

**Step16** 创建圆柱体，如图 1-75 所示。

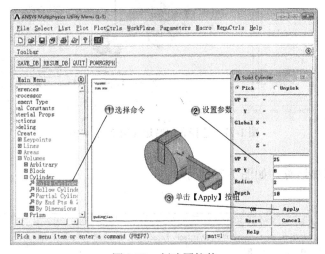

图 1-75　创建圆柱体

**Step17** 布尔减运算，如图 1-76 所示。

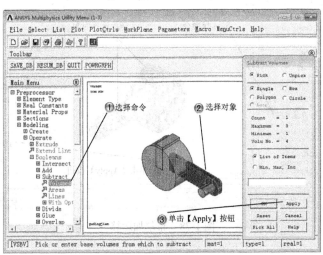

图 1-76　布尔减运算

**Step18** 选择布尔减运算第 2 个实体，如图 1-77 所示。

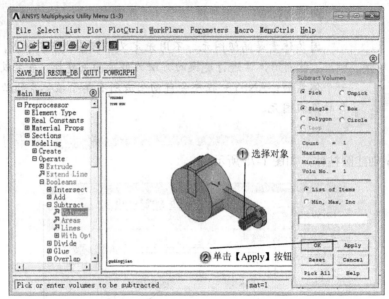

图 1-77 选择布尔减运算第 2 个实体

**Step19** 布尔加运算，如图 1-78 所示。

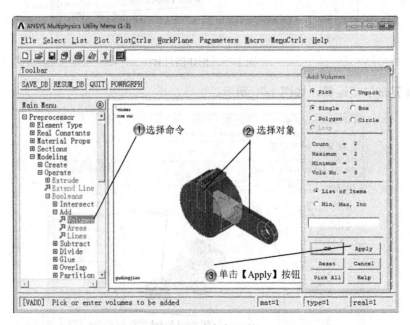

图 1-78 布尔加运算

# 第 1 章 模型建立精选案例

**Step20** 创建圆柱体，如图 1-79 所示。

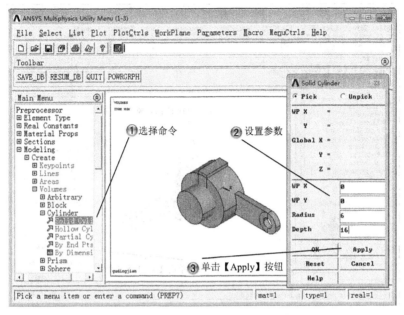

图 1-79　创建圆柱体

**Step21** 布尔减运算，如图 1-80 所示。

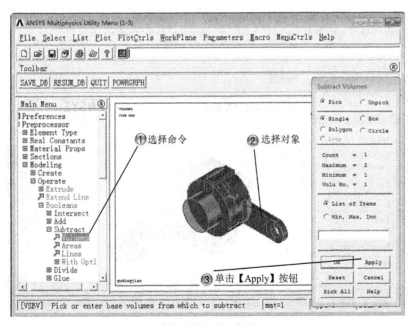

图 1-80　布尔减运算

**Step22** 选择布尔减运算第 2 个实体，如图 1-81 所示。

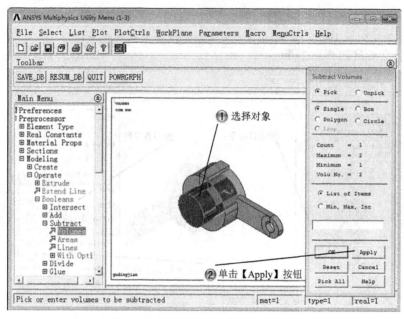

图 1-81　选择布尔减运算第 2 个实体

**Step23** 保存文件，如图 1-82 所示。

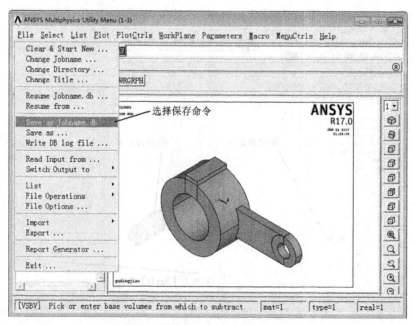

图 1-82　保存文件

## 1.4　案例小结

　　本章主要学习 ANSYS 模型的创建，以及 3 种不同的模型创建方法，当然，最常用的是自顶向下的建模方法。通过以上建模方法的比较可以看出，对大型或复杂的模型，特别是对三维实体模型，更合适用实体建模方法，对小型简单的模型，直接生成模型较方便。在建模的过程中，自底向上和自顶向下的建模方式可以根据需要自由组合使用，使建模更加方便。在实际结构分析中，应根据结构具体情况，扬长避短，使 ANSYS 程序更好地应用于各种结构分析中。

# 第 2 章 薄板平面应力问题分析案例

 **本章导读**

本章的平面应力分析是有限元分析方法最常用的一个应用领域。平面是结构的一种，结构这个术语是一个广义的概念，它包括土木工程结构，如桥梁和建筑物；汽车结构，如车身骨架；航空结构，如飞机机身；船舶结构等；同时还包括机械零部件，如活塞、传动轴等。本章将展示对一个平面零件进行应力分析的整个过程。

| | 学习目标<br>知识点 | 了解 | 理解 | 应用 | 实践 |
|---|---|---|---|---|---|
| 学习要求 | 有限单元法简介 | | √ | | |
| | 静力分析介绍 | | √ | | |
| | 薄板零件的平面应力分析 | | √ | √ | √ |
| | | | | | |
| | | | | | |

# 第 2 章
# 薄板平面应力问题分析案例

## 2.1 案例分析

 **2.1.1 知识链接**

**1. 结构分析概述**

结构分析是有限元分析方法最常用的一个应用领域。结构分析就是对土木工程、汽车、船舶等结构进行分析计算。在 ANSYS 产品家族中有 7 种结构分析的类型。结构分析中计算得出的基本未知量（节点自由度）是位移，其他的一些未知量，如应变、应力和反力可通过节点位移导出。

各种结构分析的具体含义如下。

(1) 静力分析：用于求解静力载荷作用下结构的位移和应力等。静力分析包括线性和非线性分析。而非线性分析涉及塑性、应力刚化、大变形、大应变、超弹性、接触面和蠕变。

(2) 模态分析：用于计算结构的固有频率和模态。

(3) 谐波分析：用于确定结构在随时间正弦变化的载荷作用下的响应。

(4) 瞬态动力分析：用于计算结构在随时间任意变化的载荷作用下的响应，并且可计及上述提到的静力分析中所有的非线性性质。

(5) 谱分析：是模态分析的应用拓广，用于计算响应谱或 PSD 输入（随机振动）引起的应力和应变。

(6) 曲屈分析：用于计算曲屈载荷和确定曲屈模态。ANSYS 可进行线性（特征值）和非线性曲屈分析。

(7) 显式动力分析：ANSYS/LS-DYNA 可用于计算高度非线性动力学和复杂的接触问题。

除了以上 7 种分析类型之外，还有如下特殊的分析应用：断裂力学、复合材料，疲劳分析，P-Method。

> **提示：**
>
> 绝大多数的 ANSYS 单元类型可用于结构分析，所用的单元类型从简单的杆单元和梁单元一直到较为复杂的层壳单元和大应变实体单元。

**2. 结构静力分析**

从计算的线性和非线性的角度可以把结构分析分为线性分析和非线性分析，从载荷与时间的关系又可以把结构分析分为静力分析和动态分析，而线性静力分析是最基本的分析，这里进行专门介绍。

静力分析的定义：静力分析是计算在固定不变的载荷作用下结构的效应，它不考虑惯性和阻尼的影响，如结构随时间变化载荷的情况。但是，静力分析可以计算那些固定不变的惯性载荷对结构的影响（如重力和离心力），以及那些可以近似为等价静力作用的随时间变化载荷（如通常在许多建筑规范中所定义的等价静力风载荷和地震载荷）。线性分析是指在分析过程中结构的几何参数和载荷参数只发生微小的变化，以至可以把这种变化忽略，而把分析中的所有非线性项去掉。

静力分析中的载荷：静力分析用于计算由那些不包括惯性和阻尼效应的载荷作用于结构或部件上引起的位移、应力、应变和力。固定不变的载荷和响应是一种假定，即假定载荷和结构的响应随时间的变化非常缓慢。

静力分析所施加的载荷包括以下几种。

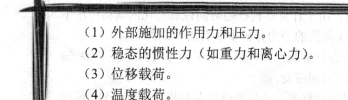

（1）外部施加的作用力和压力。
（2）稳态的惯性力（如重力和离心力）。
（3）位移载荷。
（4）温度载荷。

**3. 静力分析的类型**

静力分析可分为线性静力分析和非线性静力分析，即静力分析可以是线性的也可以是非线性的。非线性静力分析包括所有的非线性类型，如大变形、塑性、蠕变、应力刚化、接触（间隙）单元、超弹性单元等。从结构的几何特点上讲，无论是线性的还是非线性的静力分析都可以分为平面问题、轴对称问题和周期对称问题以及任意几何结构。

**4. 静力分析基本步骤**

（1）建模

建立结构的有限元模型，使用 ANSYS 软件进行静力分析，有限元模型的建立是否直接正确、合理,直接影响到分析结果的准确可靠程度。因此,在开始建立有限元模型时就应当考虑要分析问题的特点,对需要划分的有限元网格的粗细和分布情况有一个大概的计划。

(2) 施加载荷和边界条件并求解

在上一步建立的有限元模型上施加载荷和边界条件并求解,这部分要完成的工作包括:指定分析类型和分析选项,根据分析对象的工作状态和环境施加边界条件和载荷,对结果输出内容进行控制,最后根据设定的情况进行有限元求解。

(3) 结果评价和分析

求解完成后,查看分析结果写进的结果文件"Jobname.RST",结果文件由以下数据构成。

■基本数据-节点位移(UX、UY、YZ、ROTX、ROTY、ROTZ)。
■导出数据-节点单元应力、节点单元应变、单元集中力、节点反力等。

可以用 POST1 或 POST26 检查结果。POST1 可以检查基于整个模型的指定子步(时间点)的结果;POST26 用在非线性静力分析追踪特定结果。

 ## 2.1.2 设计思路

在面上施加压力面载荷的操作如下。

选择【Main Menu】|【Solution】|【Define Loads】|【Apply】|【Structural】|【Pressure】|【On Areas】命令,选择需要施加面载荷的面后,弹出【Apply PRES on areas(在面上施加压力面载荷)】对话框。其中【LKEY】选项可以指定压力的方向,参考值可以选 1、2 或者 3,具体方向与所使用的单元坐标系有关,如图 2-1 所示。

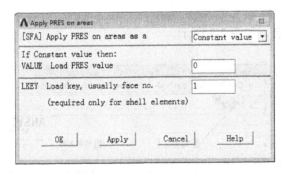

图 2-1 在面上施加压力面载荷

提示:

面载荷不像集中力载荷与 DOF 约束那样直观。虽然也可以直接施加到节点上,但本质上属于一种分布载荷。

如图 2-2 所示，是完成的薄板模型，要求掌握结构分析中施加压力面载荷与自由度约束的方法。这里主要讲述如何在面上施加压力面载荷的方法。材料为铸铁，密度 7800kg/m³，弹性模量 200GPa，泊松比 0.3。

## 2.2 案例设置

创建模型包括创建模型主体，主体上的特征进行布尔运算得到需要的特征，之后镜像其余部分和孔特征。

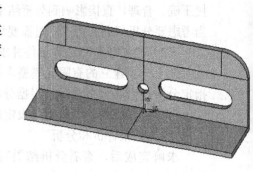

图 2-2 薄板模型

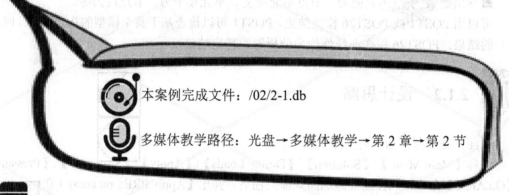

本案例完成文件：/02/2-1.db

多媒体教学路径：光盘→多媒体教学→第 2 章→第 2 节

### 2.2.1 创建模型主体

**Step1** 修改文件名，如图 2-3 所示。

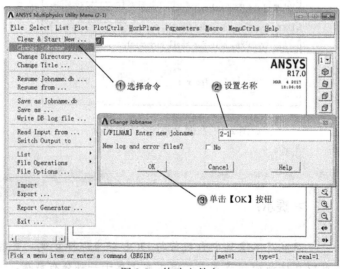

图 2-3 修改文件名

# 第 2 章
## 薄板平面应力问题分析案例

**Step2** 修改标题名，如图 2-4 所示。

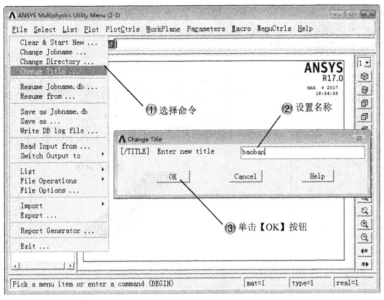

图 2-4　修改标题名

**Step3** 创建长方体，如图 2-5 所示。

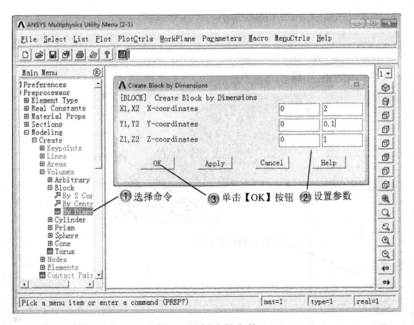

图 2-5　创建长方体

**Step4** 移动工作坐标系，如图 2-6 所示。

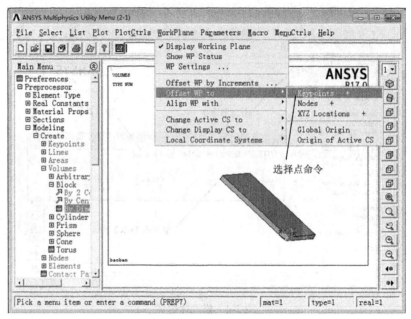

图 2-6　移动工作坐标系

**Step5** 设置坐标系，如图 2-7 所示。

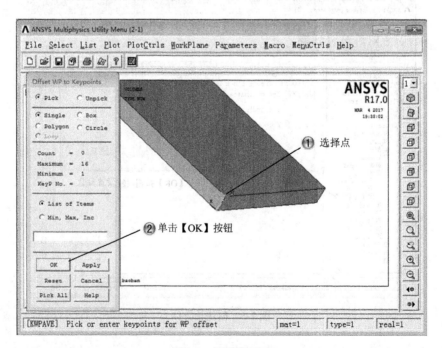

图 2-7　设置坐标系

# 第 2 章
## 薄板平面应力问题分析案例

**Step6** 创建长方体，如图 2-8 所示。

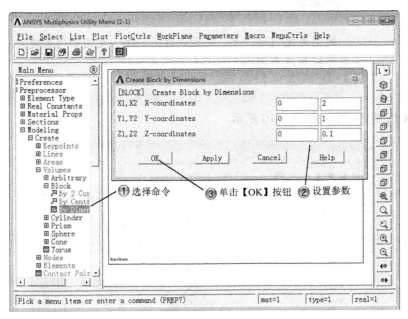

图 2-8　创建长方体

**Step7** 完成主体的创建，如图 2-9 所示。

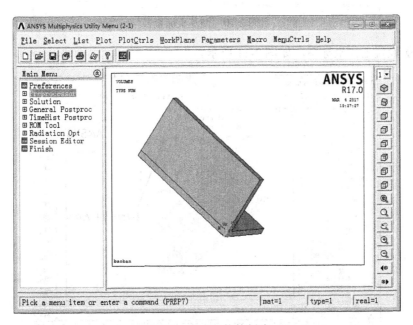

图 2-9　完成主体的创建

· 51 ·

> ★ 提示：
>
> 模型是先创建一半，之后创建另一半，无论如何创建对模型分析都没有影响。

**Step8** 恢复坐标系，如图 2-10 所示。

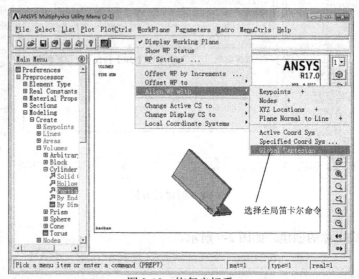

图 2-10  恢复坐标系

**Step9** 设置工作坐标系，如图 2-11 所示。

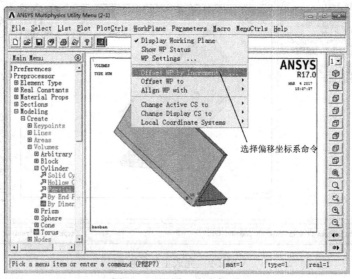

图 2-11  设置工作坐标系

# 第 2 章
## 薄板平面应力问题分析案例

**Step10** 设置坐标系移动坐标，如图 2-12 所示。

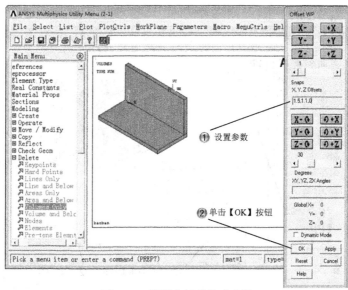

图 2-12  设置坐标系移动坐标

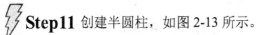

> **提示：**
>
> 这里移动的是总体坐标系，属于笛卡儿坐标系。

**Step11** 创建半圆柱，如图 2-13 所示。

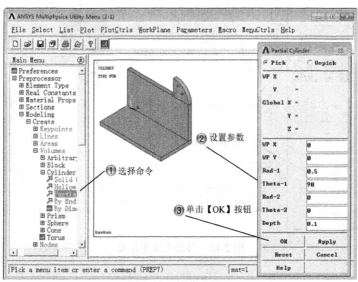

图 2-13  创建半圆柱

**Step12** 创建长方体，如图 2-14 所示。

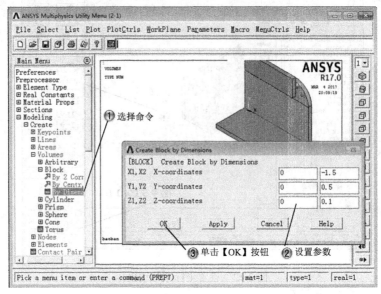

图 2-14　创建长方体

**Step13** 移动工作坐标系，如图 2-15 所示。

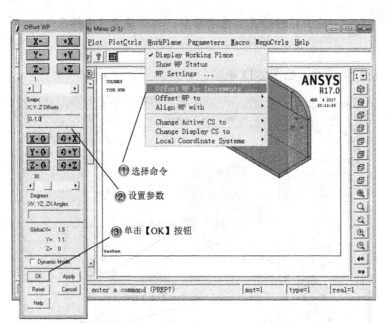

图 2-15　移动工作坐标系

# 第 2 章　薄板平面应力问题分析案例

⚡ **Step14** 创建圆柱，如图 2-16 所示。

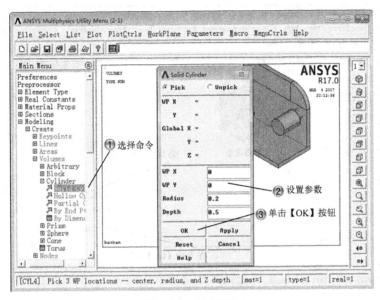

图 2-16　创建圆柱

⚡ **Step15** 移动工作坐标系，如图 2-17 所示。

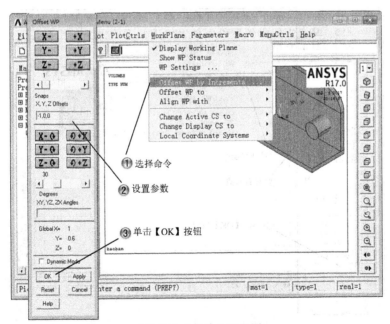

图 2-17　移动工作坐标系

· 55 ·

**Step16** 创建圆柱体,如图 2-18 所示。

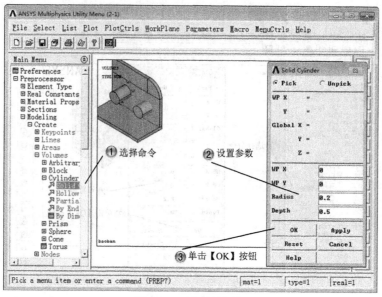

图 2-18　创建圆柱体

**Step17** 移动工作坐标系,如图 2-19 所示。

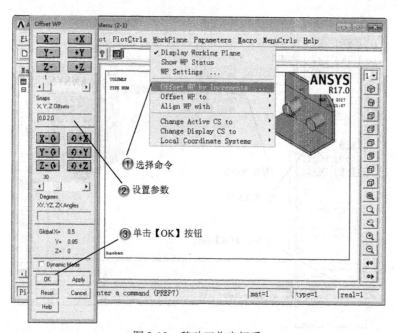

图 2-19　移动工作坐标系

**Step18** 创建长方体，如图 2-20 所示。

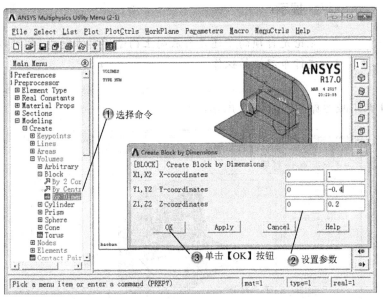

图 2-20  创建长方体

**Step19** 布尔加运算，如图 2-21 所示。

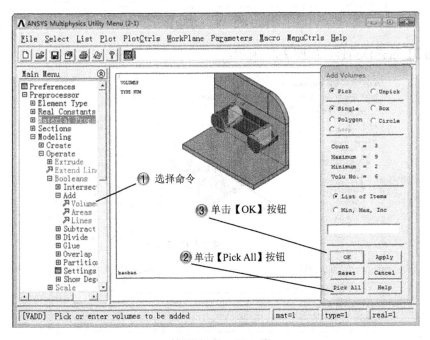

图 2-21  布尔加运算

★ 提示：

无论是自顶向下还是自底向上构造的实体模型，都可以对它进行布尔运算操作。

⚡ **Step20** 布尔减运算，如图 2-22 所示。

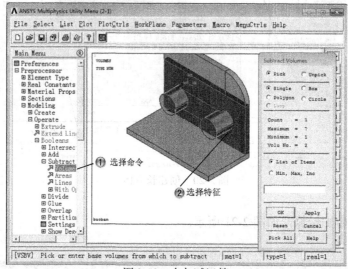

图 2-22　布尔减运算

⚡ **Step21** 选择修剪体，如图 2-23 所示。

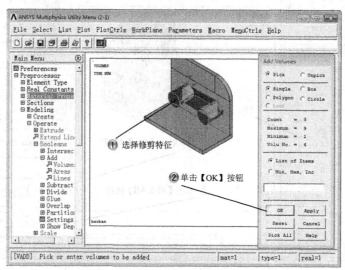

图 2-23　选择修剪体

# 第 2 章
薄板平面应力问题分析案例

**Step22** 删除长方体，如图 2-24 所示。

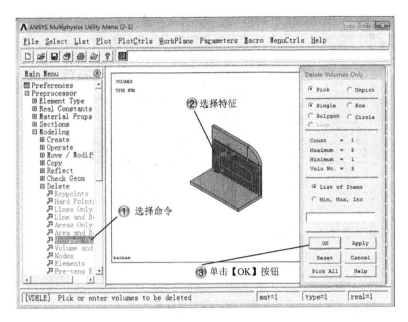

图 2-24　删除长方体

**Step23** 完成主体模型，如图 2-25 所示。

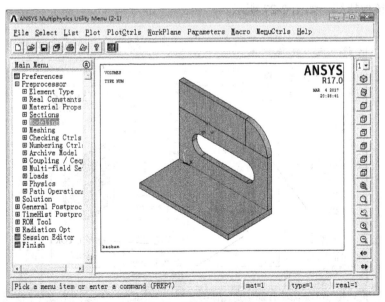

图 2-25　完成主体模型

**Step24** 恢复坐标系，如图 2-26 所示。

图 2-26 恢复坐标系

## 2.2.2 创建镜像实体

**Step1** 镜像特征，如图 2-27 所示。

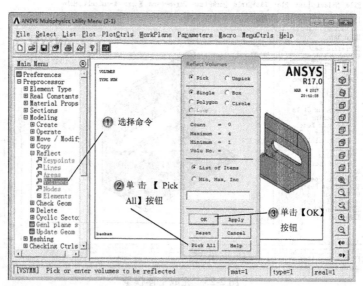

图 2-27 镜像特征

**Step2** 选择镜像面，如图 2-28 所示。

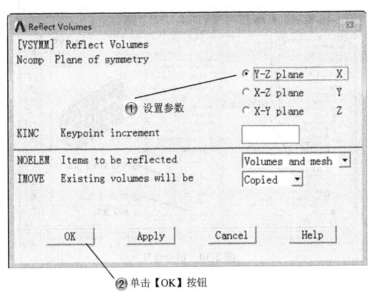

图 2-28　选择镜像面

**Step3** 完成镜像主体，如图 2-29 所示。

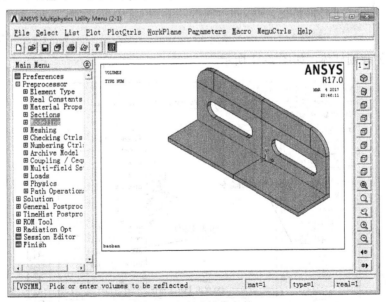

图 2-29　完成镜像主体

⚡**Step4** 粘合特征，如图 2-30 所示。

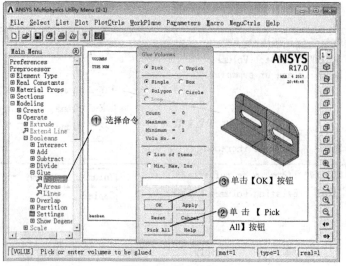

图 2-30  粘合特征

提示：

　　黏合特征的目的是为了使所有特征成为一个整体，从而进行网格化。

⚡**Step5** 创建圆柱体，如图 2-31 所示。

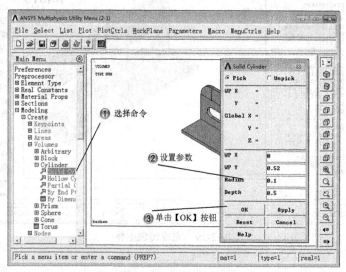

图 2-31  创建圆柱体

# 第 2 章
## 薄板平面应力问题分析案例

**Step6** 布尔减运算,如图 2-32 所示。

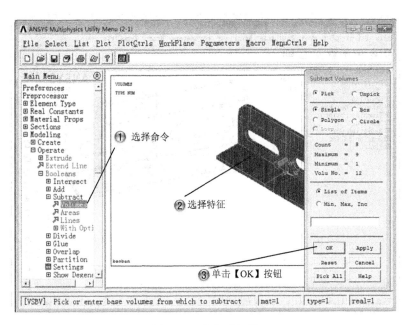

图 2-32 布尔减运算

**Step7** 选择修剪特征,如图 2-33 所示。

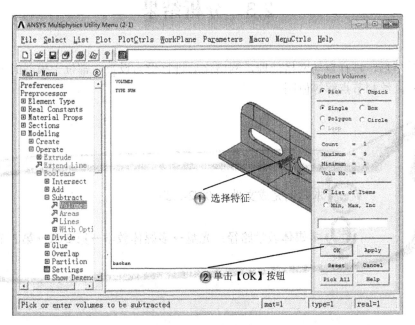

图 2-33 选择修剪特征

· 63 ·

**Step8** 完成模型主体，如图 2-34 所示。

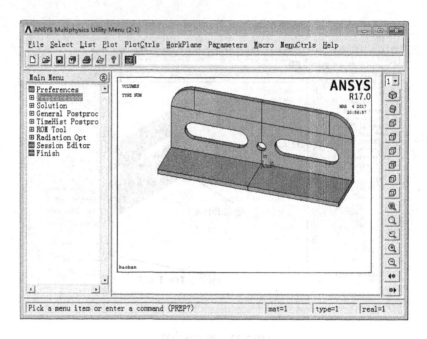

图 2-34　完成模型主体

## 2.3　分析结果

打开模型后，进行自动网格处理，网格化后进行受力设置，都位于模型面上，最后进行模型分析，绘制节点解等值图。

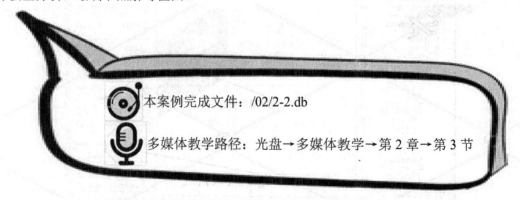

本案例完成文件：/02/2-2.db

多媒体教学路径：光盘→多媒体教学→第 2 章→第 3 节

## 2.3.1 模型网格化

**Step1** 修改文件名,如图 2-35 所示。

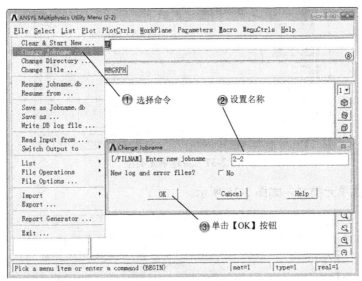

图 2-35 修改文件名

**Step2** 恢复模型,如图 2-36 所示。

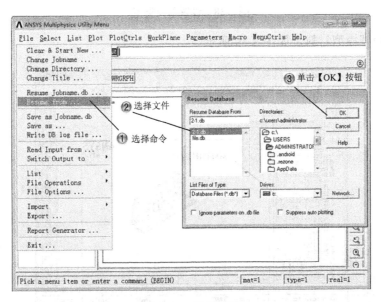

图 2-36 恢复模型

**Step3** 新建单元类型,如图 2-37 所示。

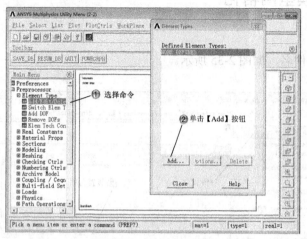

图 2-37 新建单元类型

**Step4** 设置单元类型,如图 2-38 所示。

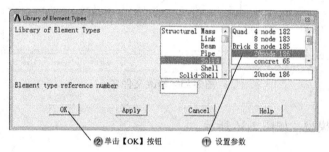

图 2-38 设置单元类型

**Step5** 设置模型材料,如图 2-39 所示。

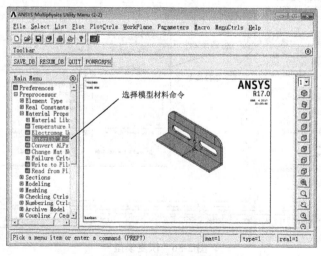

图 2-39 设置模型材料

# 第 2 章
## 薄板平面应力问题分析案例

⚡ **Step6** 选择材料参数，如图 2-40 所示。

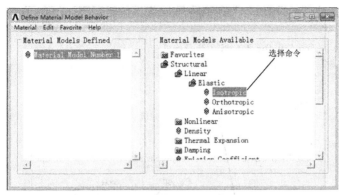

图 2-40　选择材料参数

⚡ **Step7** 设置材料参数，如图 2-41 所示。

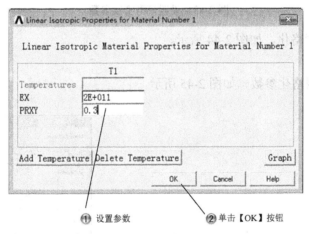

图 2-41　设置材料参数

⚡ **Step8** 选择模型密度，如图 2-42 所示。

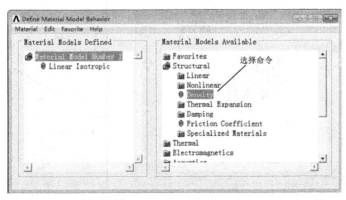

图 2-42　选择模型密度

**Step9** 设置模型密度参数，如图 2-43 所示。

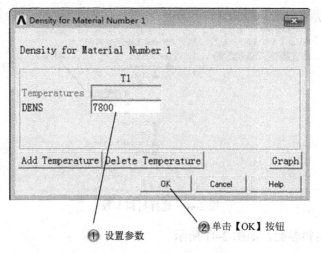

图 2-43　设置模型密度参数

**Step10** 模型网格化，如图 2-44 所示。

**Step11** 设置网格化参数，如图 2-45 所示。

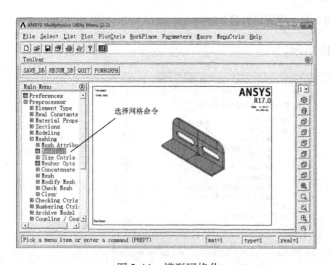

图 2-44　模型网格化

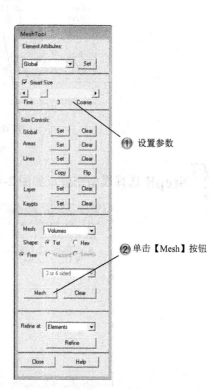

图 2-45　设置网格化参数

> **提示：**
> 因为模型较为简单，所以这里使用了智能化划分网格选项。

**Step12** 设置网格参数，如图 2-46 所示。

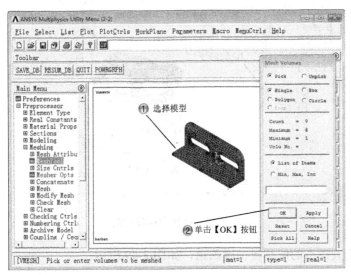

图 2-46 设置网格参数

**Step13** 完成网格化，如图 2-47 所示。

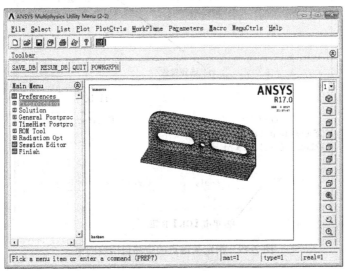

图 2-47 完成网格化

### 2.3.2 模型分析

**Step1** 选择位移载荷面，如图 2-48 所示。

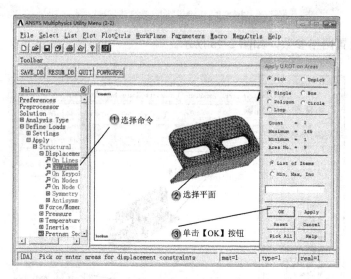

图 2-48　选择位移载荷面

**Step2** 指定关键点的位移自由度约束，如图 2-49 所示。

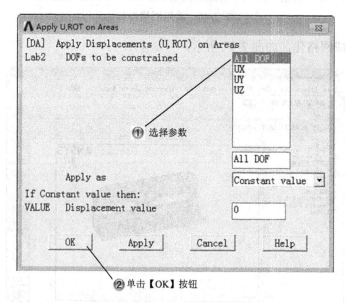

图 2-49　指定关键点的位移自由度约束

# 第 2 章
## 薄板平面应力问题分析案例

**Step3** 选择结构载荷面，如图 2-50 所示。

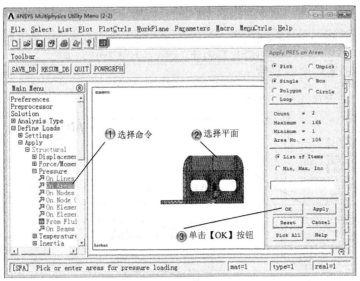

图 2-50　选择结构载荷面

提示：

结构载荷面指的是模型在实际的环境当中，受到的力，这里选择模型的一部分面。

**Step4** 设置结构载荷参数，如图 2-51 所示。

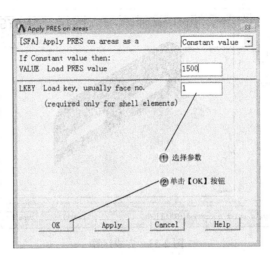

图 2-51　设置结构载荷参数

**Step5** 求解运算，如图 2-52 所示。

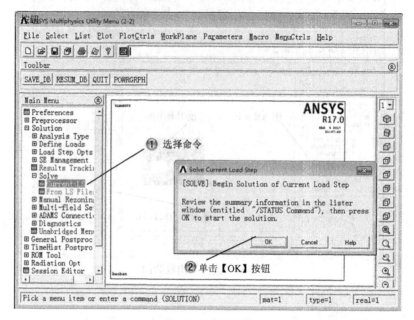

图 2-52　求解运算

**Step6** 完成运算，如图 2-53 所示。

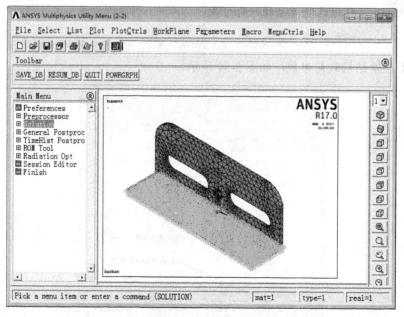

图 2-53　完成运算

## 第 2 章 薄板平面应力问题分析案例

**Step7** 选择等值图命令，如图 2-54 所示。

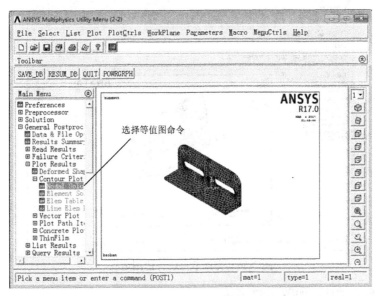

图 2-54 选择等值图命令

**Step8** 选择等值图参数，如图 2-55 所示。

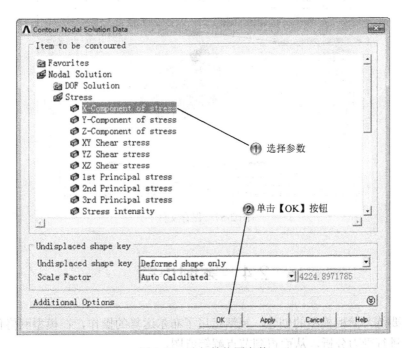

图 2-55 选择等值图参数

⚡ **Step9** 完成节点解等值图运算，如图 2-56 所示。

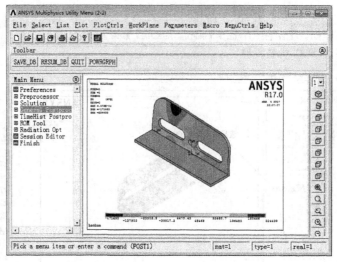

图 2-56　完成节点解等值图运算

⚡ **Step10** 保存文件，如图 2-57 所示。

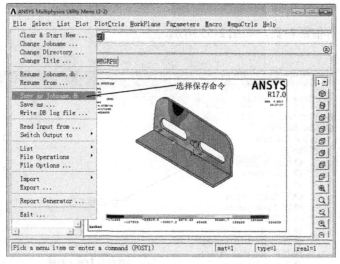

图 2-57　保存文件

## 2.4　案例小结

本章主要练习薄板模型的创建，灵活运用了布尔运算的操作，在模型网格化时使用自动网格化，进行受力分析，从而得到节点解等值图。

# 第 3 章

# 传动轴对称问题分析案例

 **本章导读**

建立了有限元分析模型之后,就需要在模型上施加载荷,以此来检查结构或构件对一定载荷条件的响应。本章将讲述 ANSYS 在传动轴零件上施加载荷的各种方法和应注意的相关事项。

| 学习要求 | 学习目标<br>知识点 | 了解 | 理解 | 应用 | 实践 |
|---|---|---|---|---|---|
| | 施加载荷的方法 | | √ | √ | |
| | 设定载荷步选项 | | √ | √ | |
| | 轴对称载荷与反作用力 | | √ | √ | √ |
| | | | | | |
| | | | | | |

## 3.1 案例分析

 **3.1.1 知识链接**

**1. 载荷概论**

有限元分析的主要目的是检查结构或构件对一定载荷条件的响应。因此，在分析中指定合适的载荷条件是关键的一步。在 ANSYS 程序中，可以用各种方式对模型施加载荷，而且借助于载荷步选项，可以控制在求解中载荷如何使用。

在 ANSYS 术语中，载荷包括边界条件和外部或内部作用力函数，不同学科中的载荷如下。

（1）结构分析：位移、力、压力、温度（热应力）和重力。
（2）热力分析：温度、热流速率、对流、内部热生成、无限表面。
（3）磁场分析：磁势、磁通量、磁场段、源流密度、无限表面。
（4）电场分析：电势（电压）、电流、电荷、电荷密度、无限表面。
（5）流体分析：速度、压力。

载荷分为 6 类，如下所示。

（1）DOF（约束自由度）：某些自由度为给定的已知值。例如，结构分析中指定结点位移或者对称边界条件等；热分析中指定结点温度等。
（2）力（集中载荷）：施加于模型结点上的集中载荷。例如，结构分析中的力和力矩；热分析中的热流率；磁场分析中的电流。
（3）表面载荷：施加于某个表面上的分布载荷。例如，结构分析中的压力；热力分析中对流量和热通量。
（4）体积载荷：施加在体积上的载荷或者场载荷。例如，结构分析中的温度，热力分析中的内部热源密度；磁场分析中为磁场通量。
（5）惯性载荷：由物体惯性引起的载荷，如重力加速度引起的重力，角速度引起的离心力等。主要在结构分析中使用。
（6）耦合场载荷：可以认为是以上载荷的一种特殊情况，从一种分析中得到的结果用作为另一种分析的载荷。

**2. 轴对称载荷与反作用力**

对约束、表面载荷、体积载荷和 Y 方向加速度，可以像对任何非轴对称模型上定义这些载荷一样来精确地定义这些载荷。然而，对集中载荷的定义，过程有所不同。因为这些载荷大小、输入的力、力矩等数值是在 360°范围内进行的，即根据沿周边的总载荷输入载荷值。例如，如果将 800lb/in 沿圆周轴向载荷的压力施加到直径为 8in 的管上，如图 3-1 所示，那么 25120lb（800×2π×5=25120）的总载荷将按下面的方法施加到节点 N 上。

F，N，FY，25120。

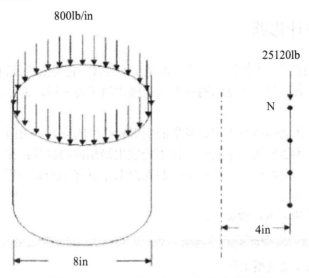

图 3-1  在 360°范围内定义集中轴对称载荷

轴对称结果也按对应的输入载荷以相同的方式解释，即输出的反作用力、力矩等按总载荷（360°）计算。轴对称协调单元要求其载荷表示成傅立叶级数形式来施加。对这些单元，要求用"MODE"命令（【Main Menu】|【Preprocessor】|【Loads】|【Load Step Opts】|【Other】|【For Harmonic Ele】或【Main Menu】|【Solution】|【Load Step Opts】|【Other】|【For Harmonic Ele】），以及其他载荷命令（D，F，SF 等）。例如，对于实心杆这样的实体结构的轴对称模型，缺少沿对称轴的 UX 约束，在结构分析中就可能形成虚位移（不真实的位移），如图 3-2 所示。

图 3-2  实体轴对称结构的中心约束

**提示：**
一定要指定足够数量的约束，防止产生不期望的刚体运动、不连续性或奇异性。

### 3.1.2 设计思路

在实际问题中，任何一个物体严格地说都是空间物体，它所受的载荷一般都是空间的，任何简化分析都会带来误差。本案例通过对传动轴体的应力分析，来介绍 ANSYS 对三维零件的分析过程。

本案例需要分析传动轴体在工作时发生的变形和产生的应力。如图 3-3 所示，传动轴体在端面的四周边界不能发生上下运动，即不能发生沿轴向的位移；在另一个端面的两个圆周上不能发生任何方向的运动；在小轴孔的孔面上分布有 1e6Pa 的压力；在大轴孔的孔台上分布有 1e7Pa 的压力。

传动轴对称分析的基本步骤如下。

（1）创建轴模型主体。
（2）创建轴的固定结构。
（3）模型网格化。
（4）模型分析。

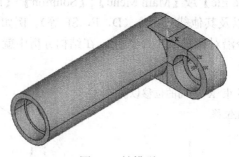

图 3-3 轴模型

## 3.2 案例设置

创建模型包括创建模型主体，模型主体是一根两端开口的圆柱，之后创建轴的固定结构，使用布尔运算命令创建组合特征和孔特征。

# 第 3 章
传动轴对称问题分析案例

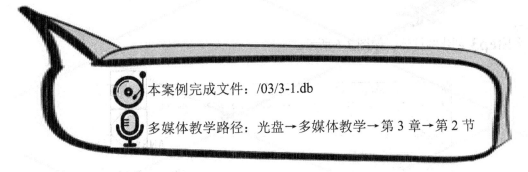

## 3.2.1 创建模型主体

**Step1** 修改文件名，如图 3-4 所示。

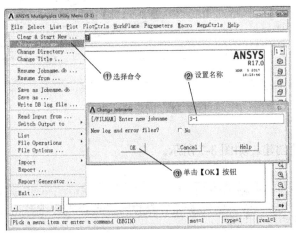

图 3-4　修改文件名

**Step2** 修改标题名，如图 3-5 所示。

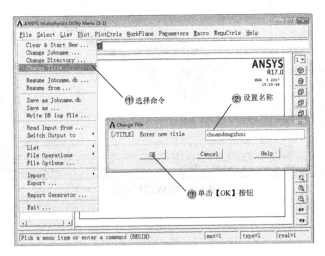

图 3-5　修改标题名

**Step3** 创建圆柱体，如图 3-6 所示。

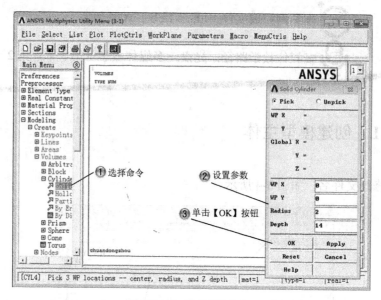

图 3-6　创建圆柱体

**Step4** 完成圆柱创建，如图 3-7 所示。

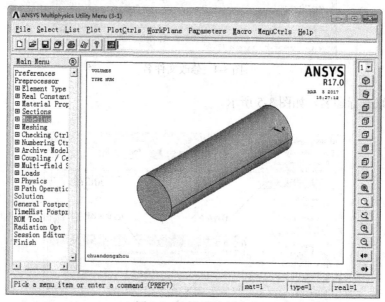

图 3-7　完成圆柱创建

**Step5** 创建圆柱体，如图 3-8 所示。

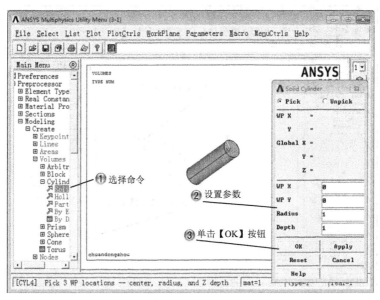

图 3-8　创建圆柱体

**Step6** 布尔减运算，如图 3-9 所示。

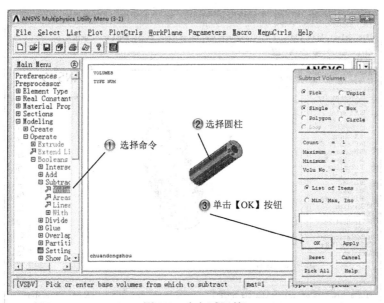

图 3-9　布尔减运算

**Step7** 选择减去的特征，如图 3-10 所示。

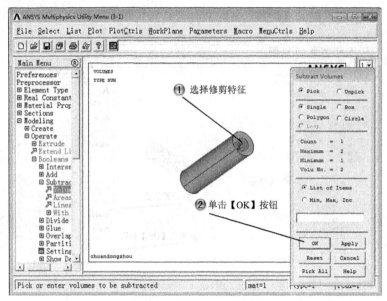

图 3-10　选择减去的特征

**Step8** 完成布尔减运算，如图 3-11 所示。

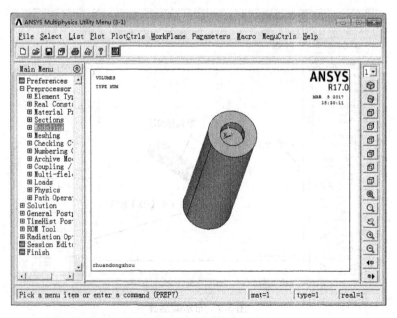

图 3-11　完成布尔减运算

第 3 章 传动轴对称问题分析案例

> **提示：**
>
> 如果从某个图元减去另一个图元，其结果可能有两种，这里的情况是，新图元和旧图元有相同的维数，且无搭接。

**Step9** 偏移坐标系，如图 3-12 所示。

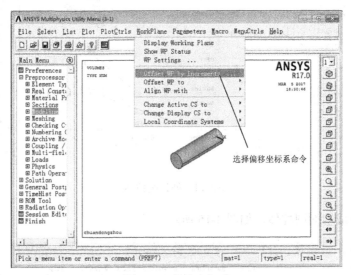

图 3-12　偏移坐标系

**Step10** 设置坐标系参数，如图 3-13 所示。

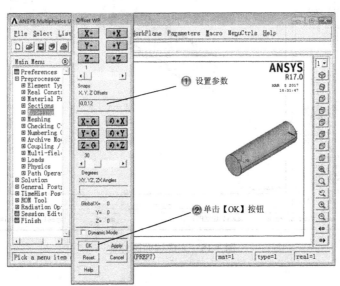

图 3-13　设置坐标系参数

**Step11** 创建圆柱体，如图 3-14 所示。

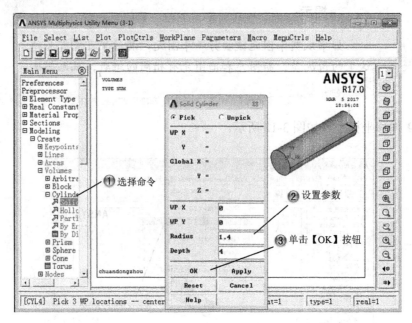

图 3-14　创建圆柱体

**Step12** 完成端面圆柱体，如图 3-15 所示。

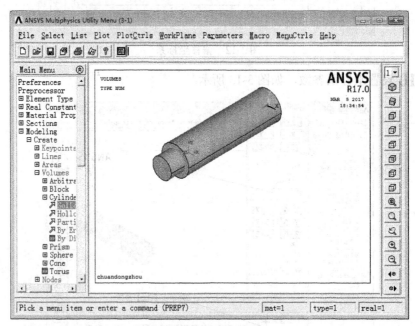

图 3-15　完成端面圆柱体

**Step13** 布尔减运算，如图 3-16 所示。

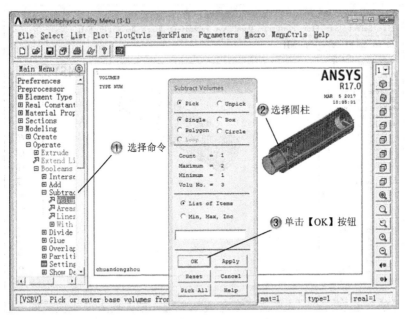

图 3-16　布尔减运算

**Step14** 选择减去的特征，如图 3-17 所示。

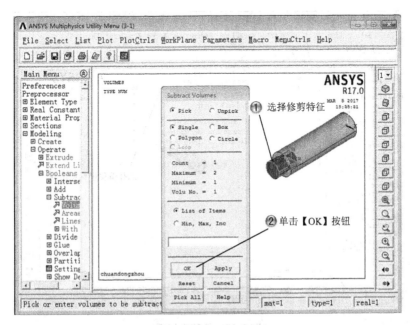

图 3-17　选择减去的特征

**Step15** 完成布尔减运算，如图 3-18 所示。

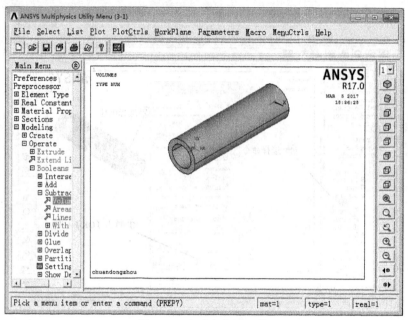

图 3-18　完成布尔减运算

**Step16** 偏移坐标系，如图 3-19 所示。

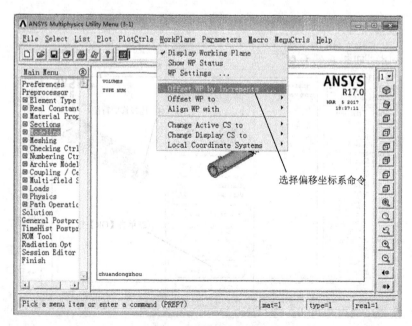

图 3-19　偏移坐标系

**Step17** 设置坐标系参数，如图 3-20 所示。

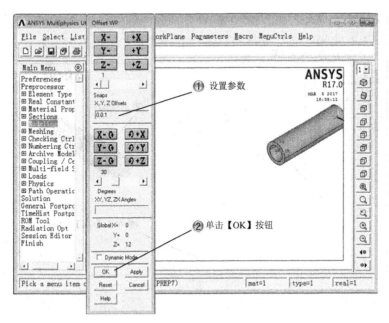

图 3-20　设置坐标系参数

**Step18** 创建小的圆柱，如图 3-21 所示。

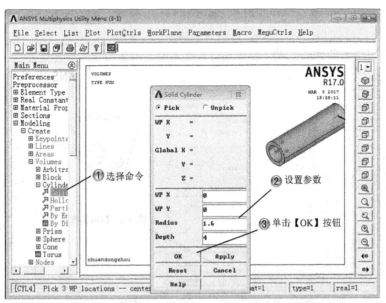

图 3-21　创建小的圆柱

**Step19** 布尔减运算，如图 3-22 所示。

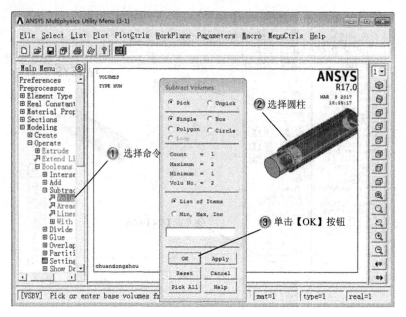

图 3-22　布尔减运算

**Step20** 选择减去的特征，如图 3-23 所示。

图 3-23　选择减去的特征

## 第 3 章 传动轴对称问题分析案例

⚡ **Step21** 完成布尔减运算，如图 3-24 所示。

图 3-24　完成布尔减运算

### 3.2.2　创建轴的固定结构

⚡ **Step1** 恢复坐标系原始位置，如图 3-25 所示。

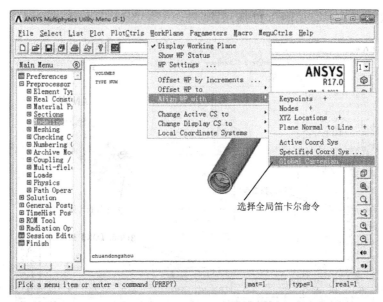

图 3-25　恢复坐标系原始位置

提示：

恢复坐标系的目的，是使之前变更的全局坐标系回到默认的位置。

**Step2** 创建长方体，如图3-26所示。

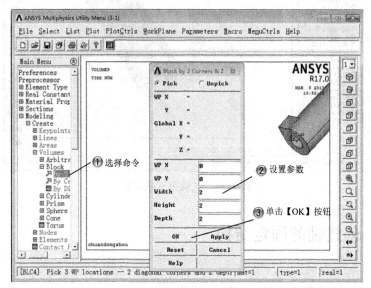

图3-26 创建长方体

**Step3** 复制长方体，如图3-27所示。

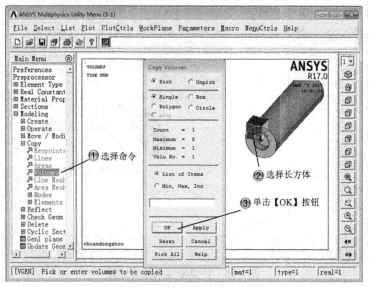

图3-27 复制长方体

**Step4** 设置复制参数，如图 3-28 所示。

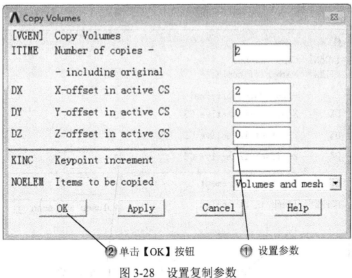

图 3-28　设置复制参数

> **提示：**
> 创建模型特征时，其数据参数要做到心中有数，或者提前绘制确定。

**Step5** 再次复制长方体，如图 3-29 所示。

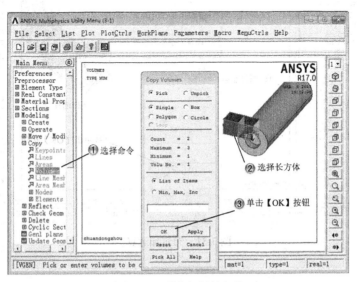

图 3-29　再次复制长方体

**Step6** 设置复制参数，如图 3-30 所示。

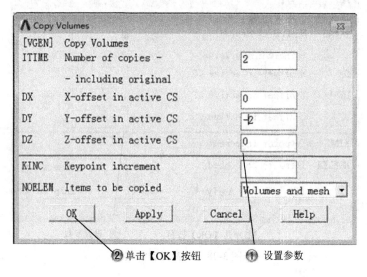

图 3-30　设置复制参数

**Step7** 布尔加运算，如图 3-31 所示。

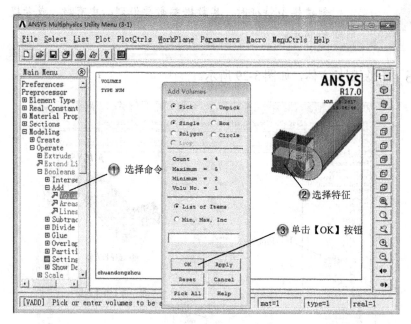

图 3-31　布尔加运算

**Step8** 创建圆柱，如图 3-32 所示。

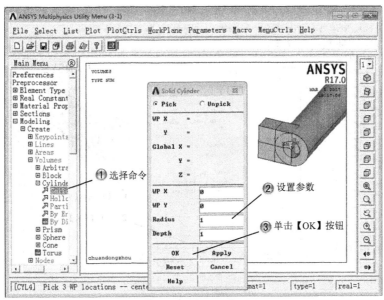

图 3-32　创建圆柱

**Step9** 布尔减运算，如图 3-33 所示。

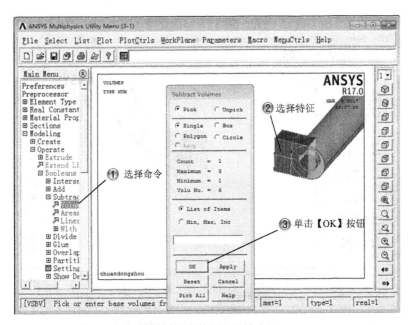

图 3-33　布尔减运算

**Step10** 选择减去的特征，如图 3-34 所示。

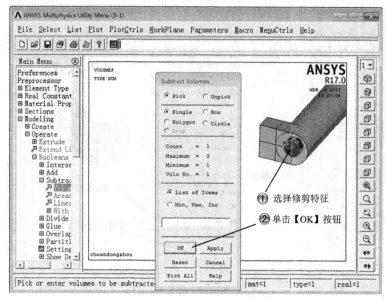

图 3-34　选择减去的特征

**Step11** 完成的布尔减运算，如图 3-35 所示。

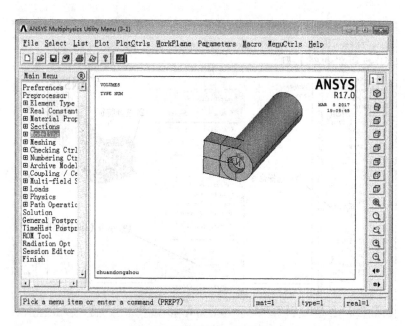

图 3-35　完成的布尔减运算

# 第 3 章
## 传动轴对称问题分析案例

**Step12** 偏移坐标系，如图 3-36 所示。

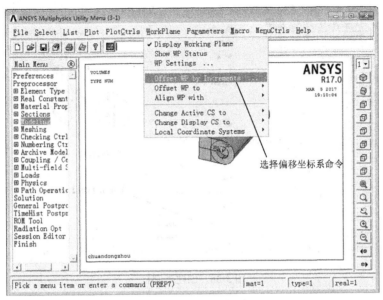

图 3-36　偏移坐标系

**Step13** 设置坐标系参数，如图 3-37 所示。

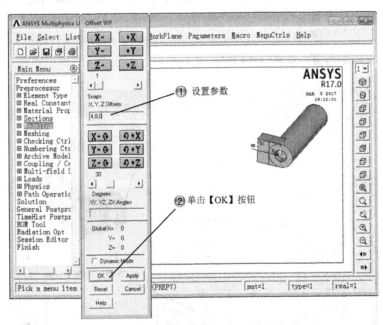

图 3-37　设置坐标系参数

**Step14** 创建半圆柱，如图 3-38 所示。

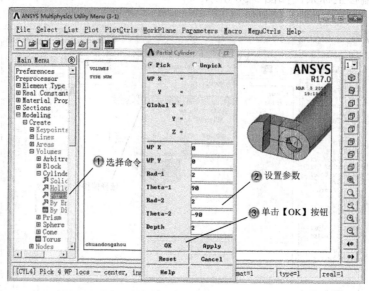

图 3-38　创建半圆柱

 提示：

　　ANSYS 并没有圆角或者倒角命令，这里就由创建半圆柱进行替代。

**Step15** 布尔加运算，如图 3-39 所示。

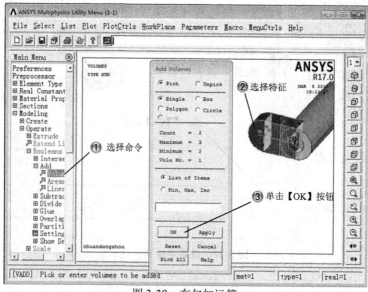

图 3-39　布尔加运算

**Step16** 创建小圆柱，如图 3-40 所示。

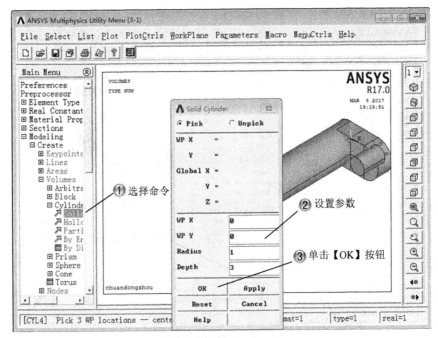

图 3-40　创建小圆柱

**Step17** 布尔减运算，如图 3-41 所示。

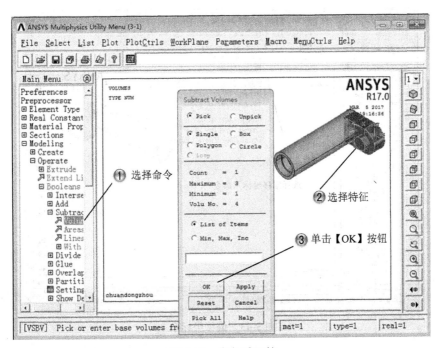

图 3-41　布尔减运算

**Step18** 选择减去的特征，如图 3-42 所示。

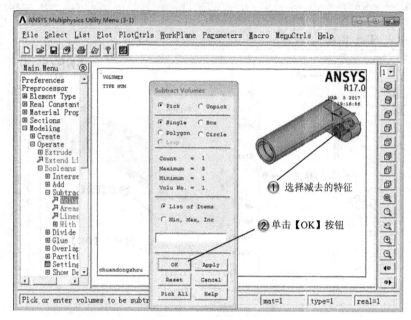

图 3-42　选择减去的特征

**Step19** 偏移坐标系，如图 3-43 所示。

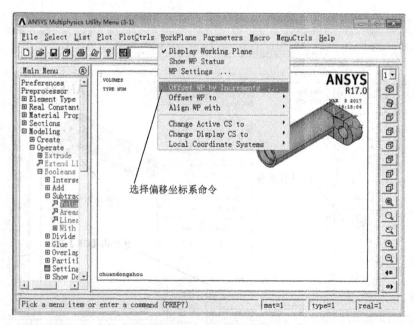

图 3-43　偏移坐标系

**Step20** 设置坐标系参数，如图 3-44 所示。

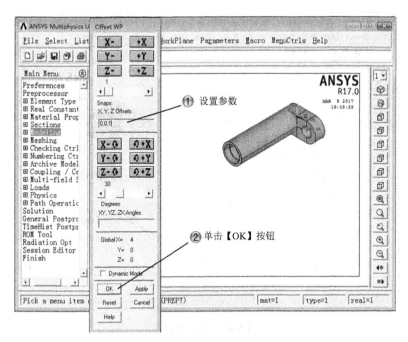

图 3-44　设置坐标系参数

**Step21** 创建大圆柱体，如图 3-45 所示。

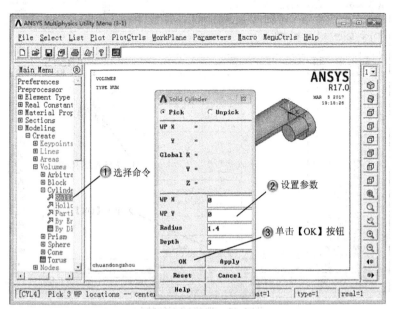

图 3-45　创建大圆柱体

**Step22** 布尔减运算，如图 3-46 所示。

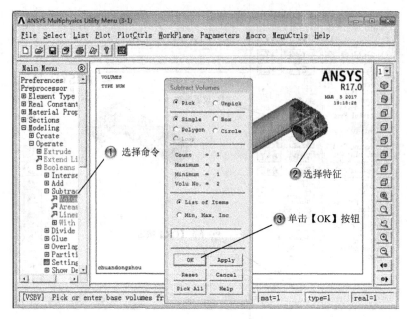

图 3-46　布尔减运算

**Step23** 选择减去的特征，如图 3-47 所示。

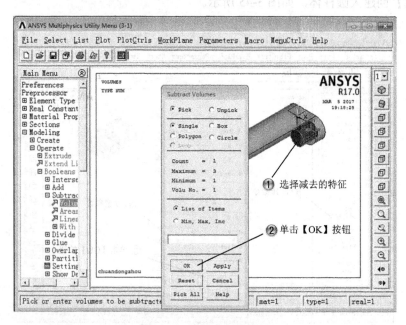

图 3-47　选择减去的特征

**Step24** 布尔加运算，如图3-48所示。

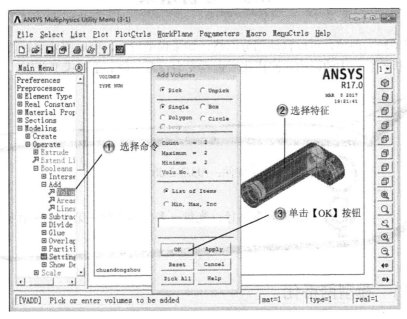

图3-48　布尔加运算

**Step25** 完成的传动轴模型，如图3-49所示。

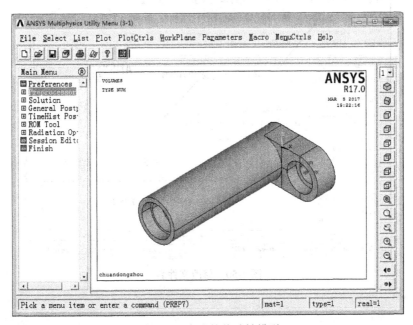

图3-49　完成的传动轴模型

## 3.3 分析结果

由于模型较为简单，可以自动划分网格，如果模型较大，有时需要进行切割体操作，但对模型分析不会有大的影响，网格化后进行受力设置，最后进行模型分析。

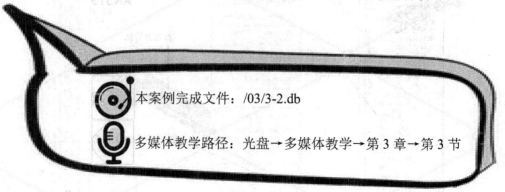

本案例完成文件：/03/3-2.db

多媒体教学路径：光盘→多媒体教学→第 3 章→第 3 节

### 3.3.1 模型网格化

**Step1** 修改文件名，如图 3-50 所示。

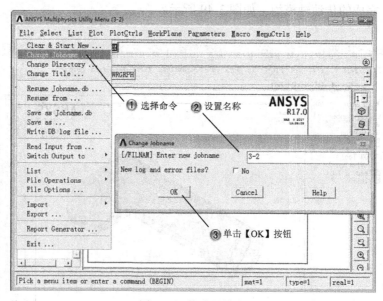

图 3-50 修改文件名

**Step2** 恢复模型，如图 3-51 所示。

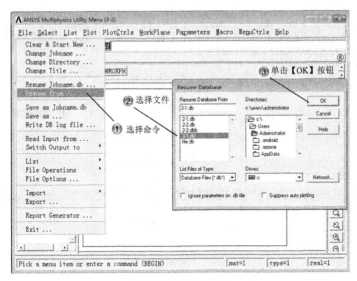

图 3-51　恢复模型

> **提示：**
> 恢复模型的目的是打开之前创建的模型，其所有的名称都可以进行更改，并进行再保存。

**Step3** 选择菜单过滤参数命令，如图 3-52 所示。

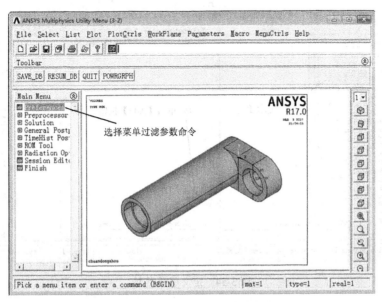

图 3-52　选择菜单过滤参数命令

**Step4** 设置菜单过滤参数，如图 3-53 所示。

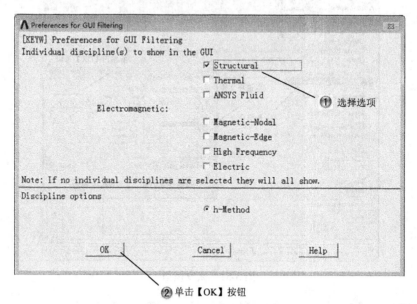

图 3-53　设置菜单过滤参数

**Step5** 定义单元类型，如图 3-54 所示。

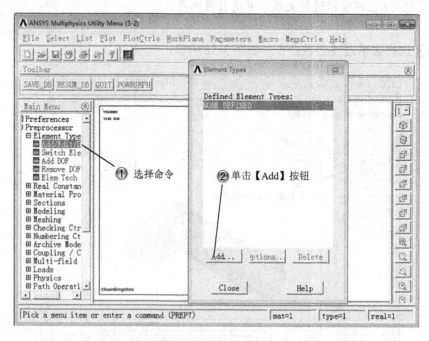

图 3-54　定义单元类型

# 第 3 章
## 传动轴对称问题分析案例

**Step6** 设置单元参数，如图 3-55 所示。

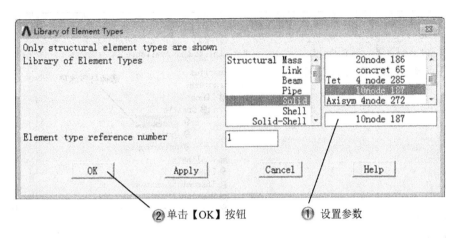

图 3-55　设置单元参数

**Step7** 定义材料参数，如图 3-56 所示。

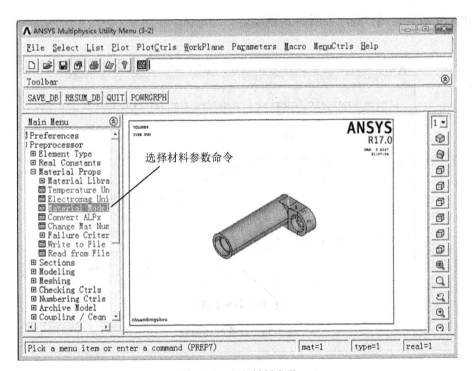

图 3-56　定义材料参数

**Step8** 选择材料选项，如图 3-57 所示。

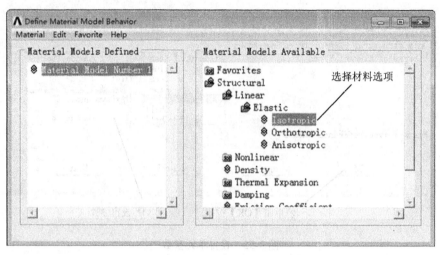

图 3-57　选择材料选项

**Step9** 设置材料参数，如图 3-58 所示。

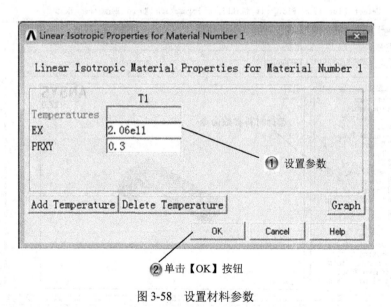

图 3-58　设置材料参数

# 第 3 章
传动轴对称问题分析案例

⚡ **Step10** 划分网格，如图 3-59 所示。

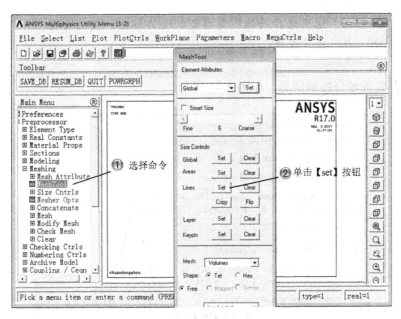

图 3-59　划分网格

⚡ **Step11** 选择孔的边线，如图 3-60 所示。

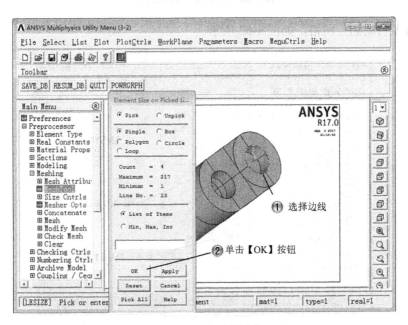

图 3-60　选择孔的边线

提示：

这里选择的边线是模型的受力部分，受力部分可以是点、面或者线。

**Step12** 设置划分控制信息，如图 3-61 所示。

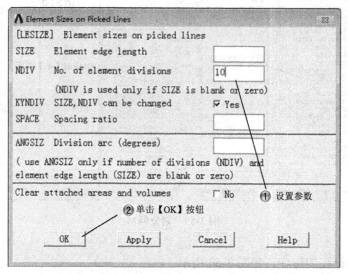

图 3-61 设置划分控制信息

**Step13** 自动划分网格，如图 3-62 所示。

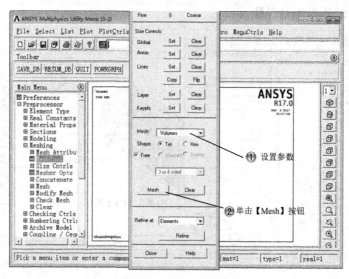

图 3-62 自动划分网格

**Step14** 完成网格划分，如图 3-63 所示。

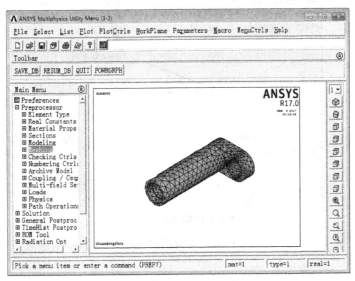

图 3-63 完成网格划分

## 3.3.2 模型分析

**Step1** 在轴底部施加位移约束，如图 3-64 所示。

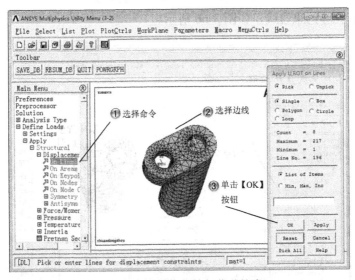

图 3-64 在轴底部施加位移约束

**Step2** 选择约束自由度，如图 3-65 所示。

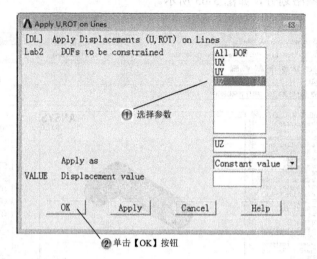

图 3-65　选择约束自由度

> **提示：**
> 模型的"DOFs"参数选择了哪个方向，模型在此方向上将固定不动。

**Step3** 选择位移约束边线，如图 3-66 所示。

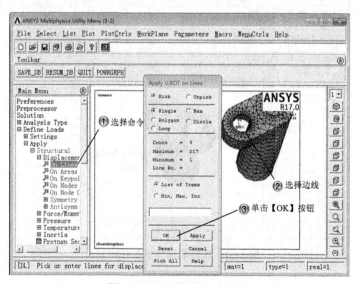

图 3-66　选择位移约束边线

# 第 3 章
## 传动轴对称问题分析案例

**Step4** 设置约束自由度，如图 3-67 所示。

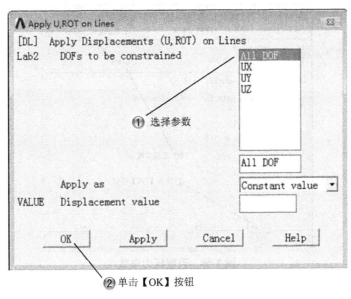

图 3-67　设置约束自由度

**Step5** 选择压力载荷面，如图 3-68 所示。

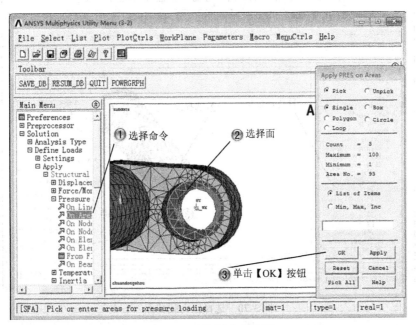

图 3-68　选择压力载荷面

· 111 ·

**Step6** 设置压力参数，如图 3-69 所示。

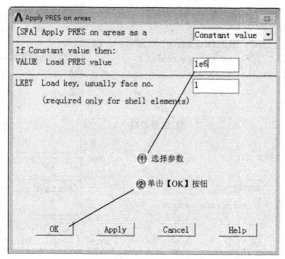

图 3-69　设置压力参数

**Step7** 选择压力载荷面，如图 3-70 所示。

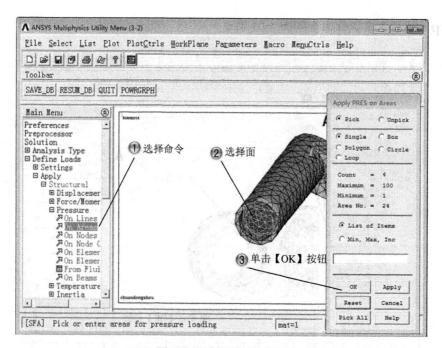

图 3-70　选择压力载荷面

**Step8** 设置压力参数，如图 3-71 所示。

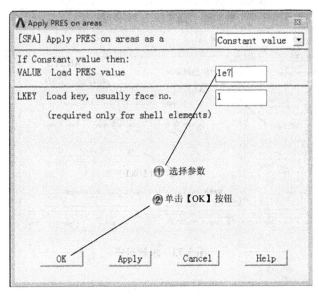

图 3-71　设置压力参数

**Step9** 显示压力值，如图 3-72 所示。

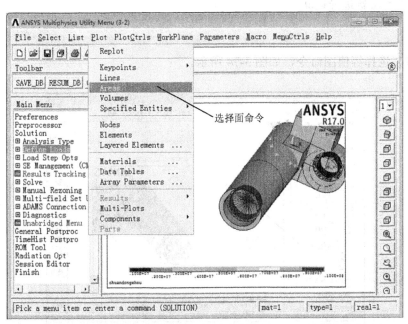

图 3-72　显示压力值

⚡ **Step10** 求解运算,如图 3-73 所示。

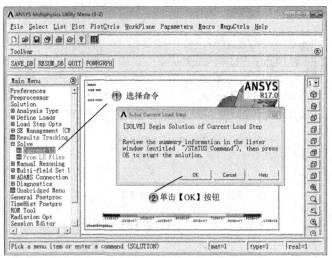

图 3-73 求解运算

★ 提示：

如果运算不成功,系统会给出提示,尝试找出问题并重新进行运算。

⚡ **Step11** 选择等值图命令,如图 3-74 所示。

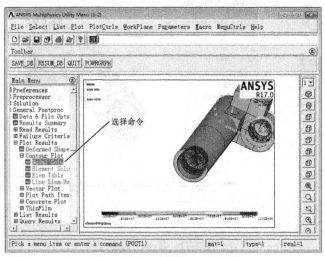

图 3-74 选择等值图命令

# 第 3 章
## 传动轴对称问题分析案例

⚡ **Step12** 选择等值图参数，如图 3-75 所示。

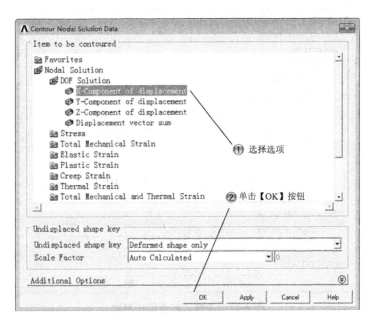

图 3-75 选择等值图参数

⚡ **Step13** 节点解等值图运算结果，如图 3-76 所示。

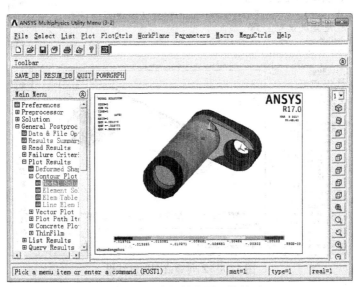

图 3-76 节点解等值图运算结果

**Step14** 选择 Z 向等值图参数，如图 3-77 所示。

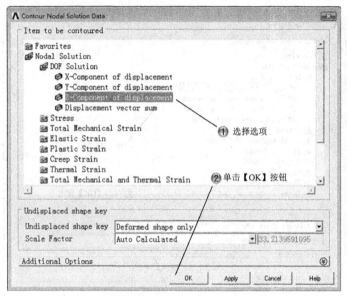

图 3-77　选择 Z 向等值图参数

**Step15** Z 向等值图运算结果，如图 3-78 所示。

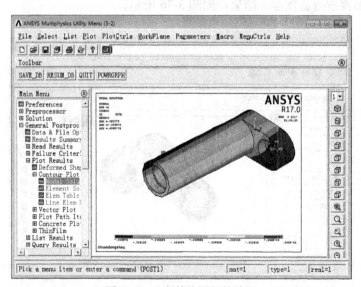

图 3-78　Z 向等值图运算结果

**Step16** 选择应力分析选项，如图 3-79 所示。

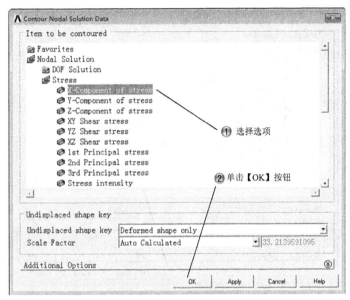

图 3-79 选择应力分析选项

**Step17** 应力分析结果，如图 3-80 所示。

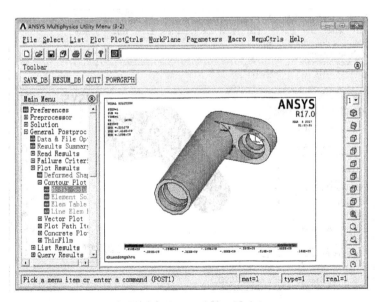

图 3-80 应力分析结果

**Step18** 选择等效应力分布图选项，如图 3-81 所示。

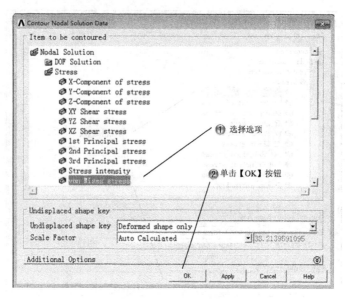

图 3-81　选择等效应力分布图选项

**Step19** 等效应力分布图结果，如图 3-82 所示。

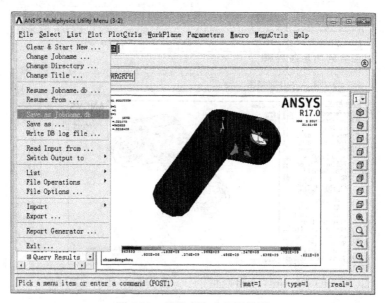

图 3-82　等效应力分布图结果

## 3.4 案例小结

　　本章介绍的传动轴对称问题分析，重点在载荷施加的方法，可以将大多数载荷施加在实体模型（如关键点、线和面）上或有限元模型（节点和单元）上。例如，可在关键点或节点施加指定集中力。同样，可以在线、面、节点和单元面上指定对流（和其他表面载荷）。无论怎样指定载荷，所有载荷都应该依据有限元模型。因此，如果将载荷施加于实体模型，在开始求解时，程序自动将这些载荷转换到节点和单元上。

# 第 4 章

# 结构梁分析案例

 **本章导读**

多数情况下,尤其在所要分析的问题不太复杂时,只需要一个载荷步就能方便地描述整个载荷。所以,前面几章我们以单载荷步的情况为主来介绍载荷的加载,本章将以多载荷的加载操作进行讲解。

| | 学习目标<br>知识点 | 了解 | 理解 | 应用 | 实践 |
|---|---|---|---|---|---|
| 学习要求 | 多载荷求解的方法 | | √ | | |
| | 结构梁多载荷分析 | | √ | √ | √ |
| | | | | | |
| | | | | | |
| | | | | | |

# 4.1 案例分析

## 4.1.1 知识链接

载荷的加载主要对应于 Define Loads（定义载荷）菜单中的 Apply（加载）子菜单项。施加载荷的 GUI 操作一般在求解器中 Define Loads（定义载荷）菜单下进行。而 Define Loads（定义载荷）包含的菜单项内容与用户定义的分析类型、单元属性和材料属性等都有关系。也就是说，ANSYS 会自动根据用户设置分析的相关信息，来调整 Define Loads（定义载荷）菜单项的内容。

虽然，针对不同的分析 Apply 的子菜单项会发生变化，但从有限元角度来看，载荷也就只分为 6 大类，例如自由度约束、集中力载荷等。所以，在本书中，将从如何施加这 6 大类的载荷出发，而非限制于某种特定的分析。

（1）多载荷步设置

前面讲述的内容都是以定义载荷为主，现在开始讨论载荷步与载荷步之间的关系。在大多数有限元分析中，常常碰到需要施加多次载荷或者施加不同载荷的问题。这时，就需要合理的设置多载荷步，以更为真实地反应实际载荷的加载情况。

选择【Main Menu（主菜单）】|【Solution（求解）】|【Load Step opts（载荷步设置）】菜单，展开设置载荷步选项菜单，如图 4-1 所示。

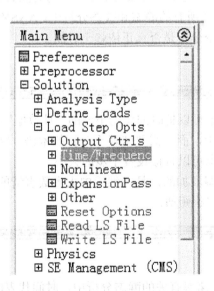

图 4-1 载荷步选项菜单

其各个菜单项功能如下。

①Output Ctrls：输出控制。
②Time/Frequenc：时间/频率设置。
③Nonlinear：非线性设置。
④ExpansionPass：扩展模型。
⑤Other：其他选项设置。
⑥Reset Options：重设求解设置。
⑦Read LS file：读入载荷步文件。
⑧Write LS file：写入载荷步文件。

★ 提示：

ANSYS会根据所分析问题的类型，自动调整菜单项内容。

（2）时间和频率

多载荷步之间的联系靠的是时间或频率。例如，一个载荷步加载完后，紧接着是另外一个载荷步的加载。而且一个载荷步内部的子步也是与时间紧密相连的。因此，时间在描述载荷中的作用非常重要。在所有的静态和瞬态分析中，ANSYS都使用时间作为跟踪参数（也称基本自变量），而不论分析是否真正依赖于时间。

这样的好处有以下两点。

①在所有情况下可以把时间作为不变的"计数器"或"跟踪器"，用来识别载荷步和子步，而不需要依赖于分析的术语。默认条件下，程序自动对时间赋值，也可以直接设置子步的大小。
②时间总是单调增加的，且自然界中大多数事情的发生都经历一段时间，不论该时间多么短暂。

显然，在瞬态分析或与速率有关的静态分析中，时间代表的是实际的、按年月顺序的时间，用秒、分钟或小时表示。在指定载荷历程曲线的同时（使用TIME命令），给每个载荷步的结束点赋予时间值。

时间步长常用在一些非线性分析中,指的是载荷子步之间的时间间隔。时间和频率的设置主要是针对非静态的分析类型。

 **4.1.2 设计思路**

本章案例需要创建一个结构梁截面,其一端固定,另一端为自由端,模型如图 4-2 所示。从零时刻开始,给自由端施加随时间变化的应变,确定不同时刻的应力分布。该力的载荷历程,如图 4-3 所示。该结构梁长 4 米,厚度为 0.2 米,其弹性模量为 3.08e6,泊松比为 0.3。

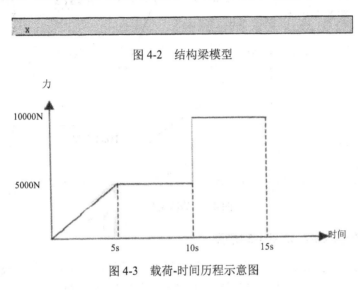

图 4-2 结构梁模型

图 4-3 载荷-时间历程示意图

## 4.2 案例设置

本案例的模型较为简单,只需要建立一个弹性的矩形,模型采用 PLANE182 单元,之后进行单元类型和材料的设置,再设置载荷步,进行分析。

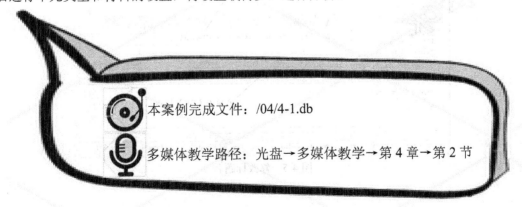

本案例完成文件:/04/4-1.db

多媒体教学路径:光盘→多媒体教学→第 4 章→第 2 节

### 4.2.1 创建模型

**Step1** 修改文件名，如图 4-4 所示。

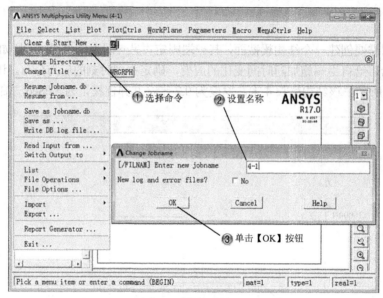

图 4-4 修改文件名

**Step2** 修改标题名，如图 4-5 所示。

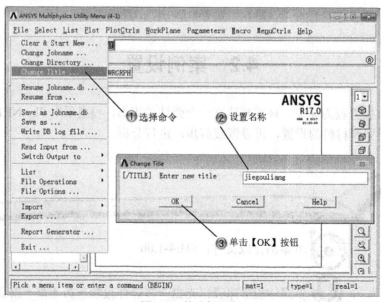

图 4-5 修改标题名

**Step3** 创建矩形，如图 4-6 所示。

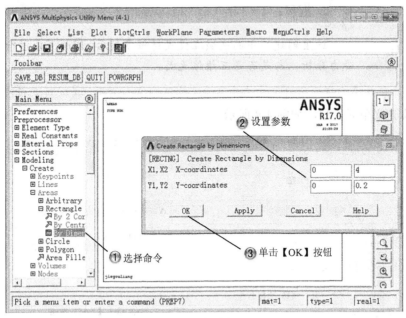

图 4-6 创建矩形

**Step4** 完成矩形，如图 4-7 所示。

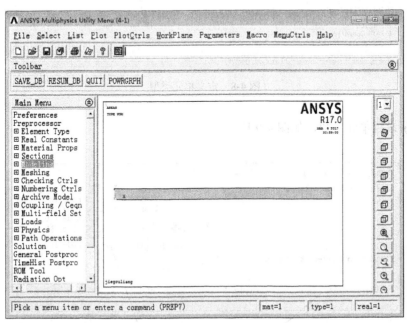

图 4-7 完成矩形

★ 提示：

这里创建的平面区域在设置材料参数后，同样可以进行受力分析，与是否是三维体无关。

**Step5** 定义单元类型，如图 4-8 所示。

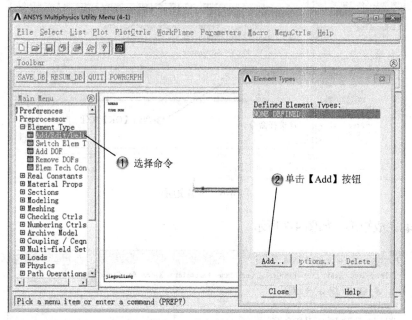

图 4-8　定义单元类型

**Step6** 设置单元参数，如图 4-9 所示。

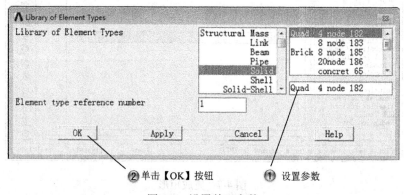

图 4-9　设置单元参数

**Step7** 定义材料参数，如图 4-10 所示。

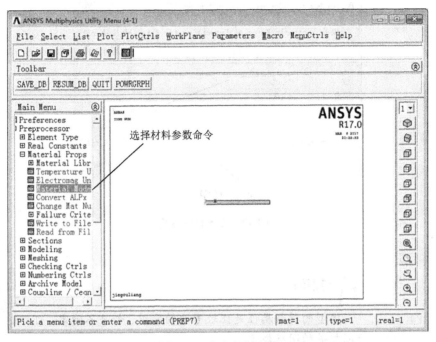

图 4-10　定义材料参数

**Step8** 选择材料选项，如图 4-11 所示。

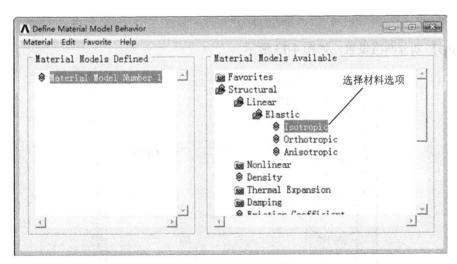

图 4-11　选择材料选项

**Step9** 设置材料参数，如图 4-12 所示。

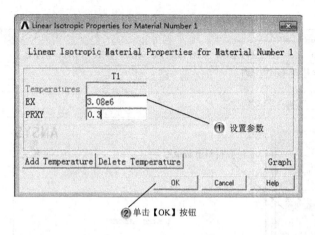

图 4-12　设置材料参数

> **提示：**
> 模型的材料属性是比较专业的知识，如果不确定，可以查阅相关的国标规定。

### 4.2.2　模型网格化

**Step1** 划分网格设置，如图 4-13 所示。

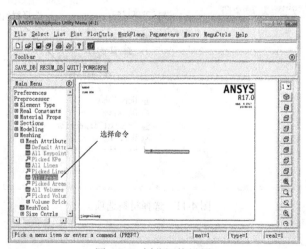

图 4-13　划分网格设置

**Step2** 为面分配单元属性，如图 4-14 所示。

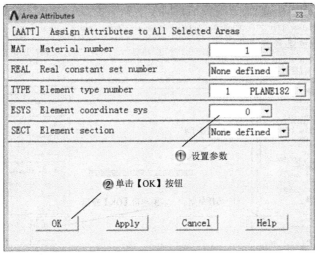

图 4-14　为面分配单元属性

**Step3** 设置网格划分水平，如图 4-15 所示。

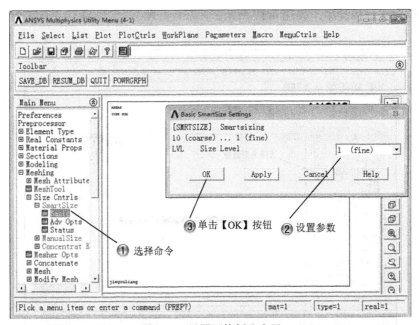

图 4-15　设置网格划分水平

**Step4** 模型网格化，如图 4-16 所示。

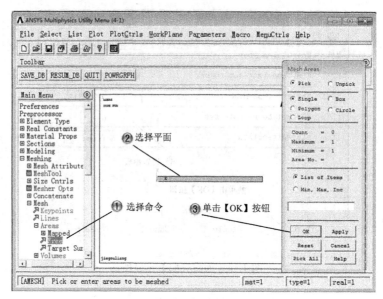

图 4-16　模型网格化

**Step5** 定义分析类型，如图 4-17 所示。

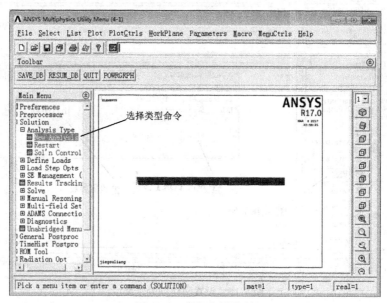

图 4-17　定义分析类型

**Step6** 设置分析类型，如图 4-18 所示。

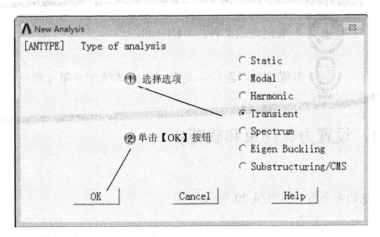

图 4-18　设置分析类型

**Step7** 选择分析方法，如图 4-19 所示。

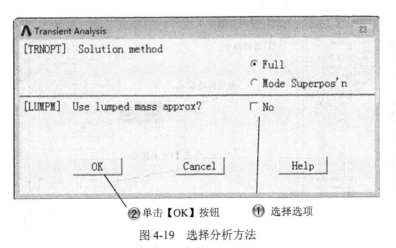

图 4-19　选择分析方法

## 4.3　分析结果

由于模型处于多载荷环境，因此，需要在设置力和约束条件后，进行多载荷步的设置，最后进行求解分析。

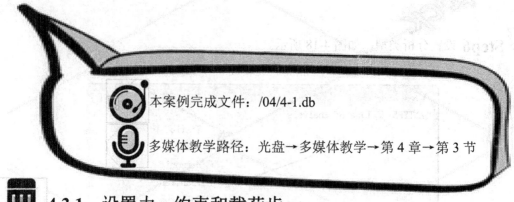

### 4.3.1 设置力、约束和载荷步

**Step1** 添加边界条件，如图 4-20 所示。

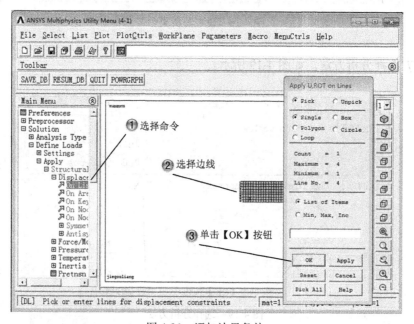

图 4-20 添加边界条件

 提示：

"边界条件"即模型上的固定部分，其自由度通常限制所有的方向。

## 第 4 章
结构梁分析案例

**Step2** 选择自由度约束,如图 4-21 所示。

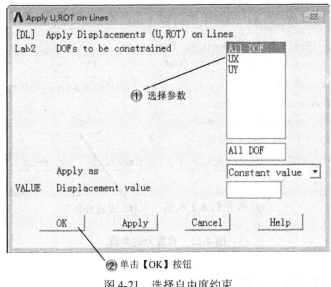

图 4-21  选择自由度约束

**Step3** 添加集中力载荷,如图 4-22 所示。

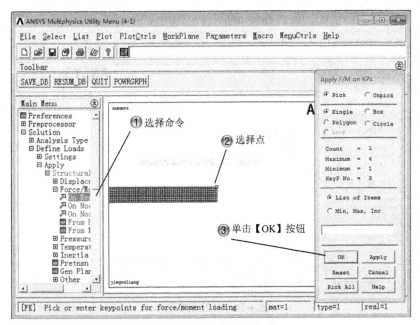

图 4-22  添加集中力载荷

**Step4** 设置力的参数，如图 4-23 所示。

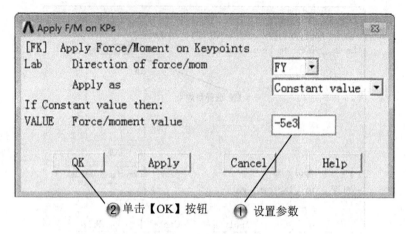

图 4-23 设置力的参数

**Step5** 打开完整菜单，如图 4-24 所示。

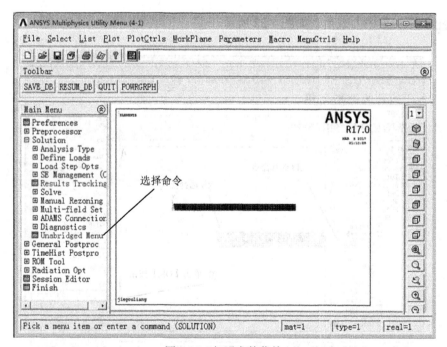

图 4-24 打开完整菜单

# 第 4 章
## 结构梁分析案例

**Step6** 设置第一个载荷步，如图 4-25 所示。

**Step7** 设置第一个载荷步参数，如图 4-26 所示。

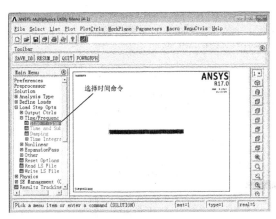

图 4-25 设置第一个载荷步

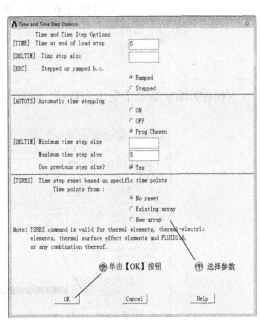

图 4-26 设置第一个载荷步参数

**Step8** 创建第一个载荷步文件，如图 4-27 所示。

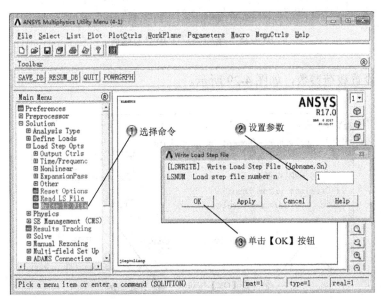

图 4-27 创建第一个载荷步文件

> 提示：
> 之所以有载荷步，是因为本案例模型受到的力是一个变化的力。

**Step9** 添加第二个集中力载荷，如图4-28所示。

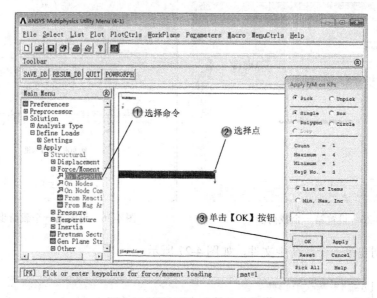

图4-28 添加第二个集中力载荷

**Step10** 设置载荷参数，如图4-29所示。

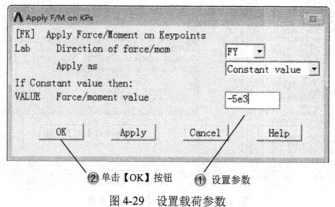

图4-29 设置载荷参数

## Step11 设置第二个载荷步,如图4-30所示。

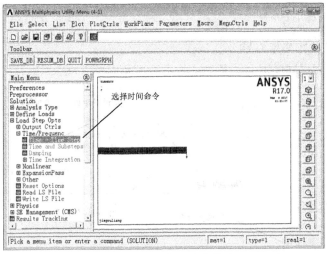

图4-30 设置第二个载荷步

## Step12 设置第二个载荷步参数,如图4-31所示。

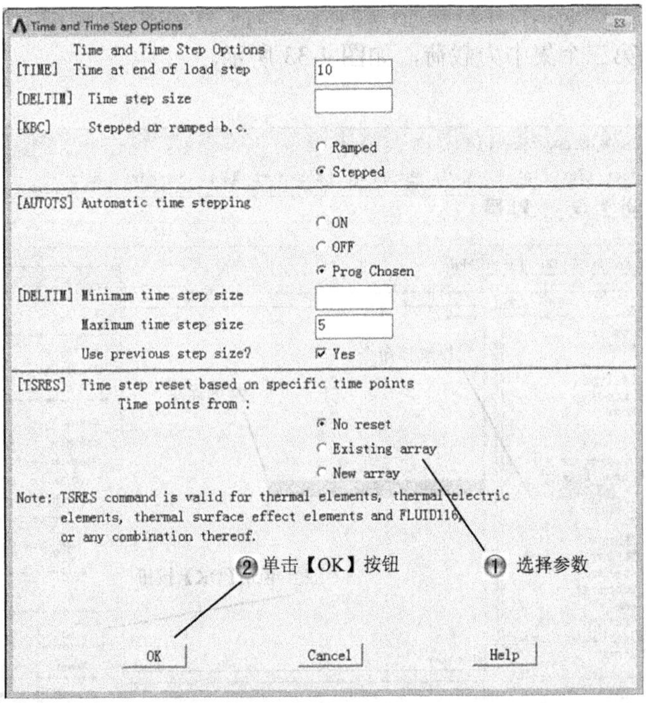

图4-31 设置第二个载荷步参数

**Step13** 创建第二个载荷步文件，如图 4-32 所示。

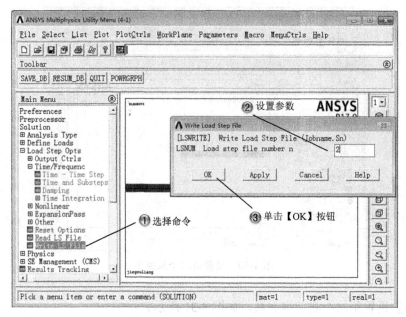

图 4-32　创建第二个载荷步文件

**Step14** 添加第三个集中力载荷，如图 4-33 所示。

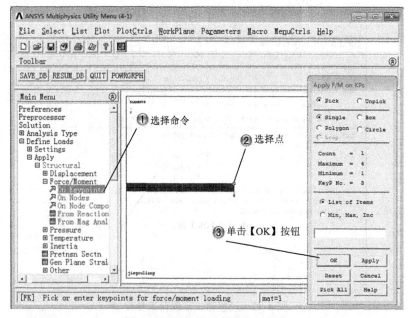

图 4-33　添加第三个集中力载荷

# 第 4 章 结构梁分析案例

**Step15** 设置载荷参数,如图 4-34 所示。

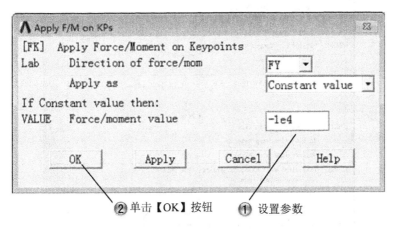

图 4-34 设置载荷参数

**Step16** 设置第三个载荷步,如图 4-35 所示。

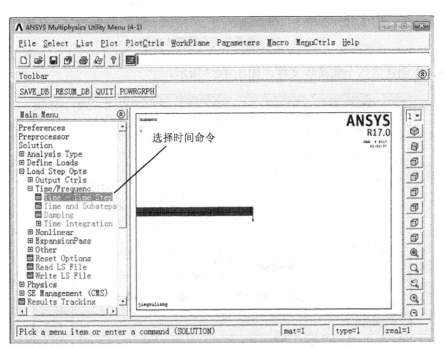

图 4-35 设置第三个载荷步

**Step17** 设置第三个载荷步参数，如图 4-36 所示。

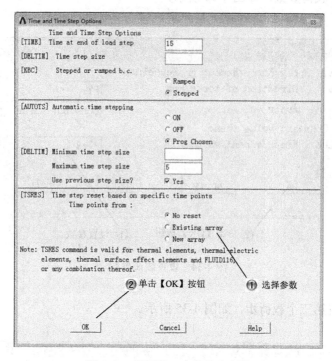

图 4-36　设置第三个载荷步参数

**Step18** 创建第三个载荷步文件，如图 4-37 所示。

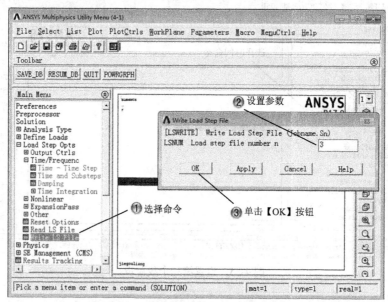

图 4-37　创建第三个载荷步文件

## 4.3.2 模型分析

**Step1** 求解输出,如图 4-38 所示。

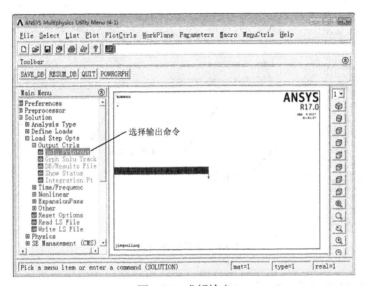

图 4-38 求解输出

**Step2** 设置输出控制,如图 4-39 所示。

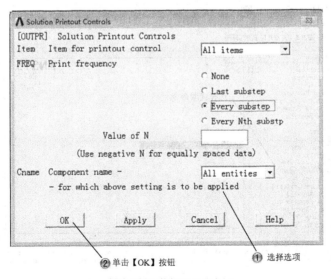

图 4-39 设置输出控制

**Step3** 设置加载的载荷步，如图 4-40 所示。

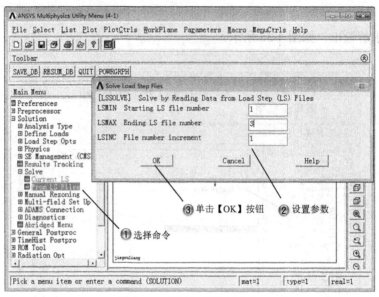

图 4-40　设置加载的载荷步

**Step4** 读取时间结果，如图 4-41 所示。

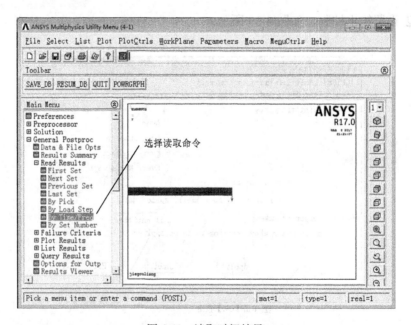

图 4-41　读取时间结果

**Step5** 设置时间节点，如图 4-42 所示。

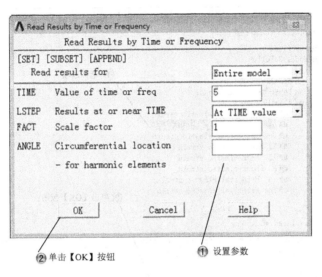

图 4-42　设置时间节点

**Step6** 选择节点解等值图，如图 4-43 所示。

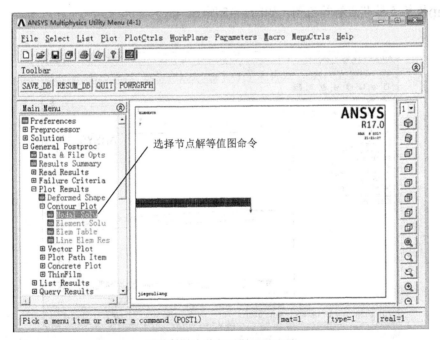

图 4-43　选择节点解等值图

**Step7** 选择节点解参数，如图 4-44 所示。

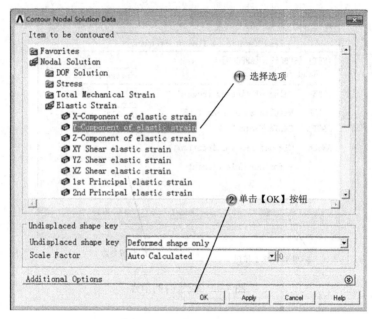

图 4-44　选择节点解参数

**Step8** 第 5 秒节点解等值图，如图 4-45 所示。

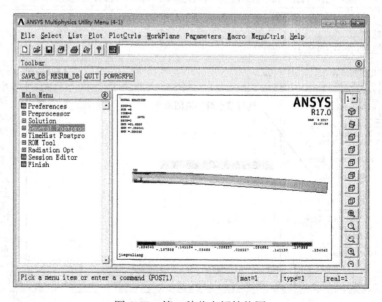

图 4-45　第 5 秒节点解等值图

**Step9** 读取时间结果，如图 4-46 所示。

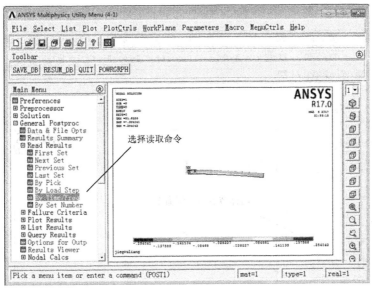

图 4-46  读取时间结果

**Step10** 设置时间节点，如图 4-47 所示。

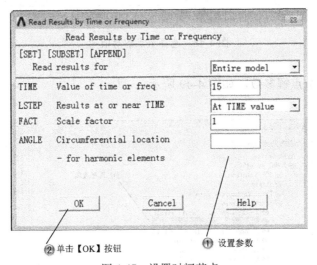

图 4-47  设置时间节点

> **提示：**
> 正因为模型受力是变化的，所以在不同的时间节点，模型的受力变形是不同的。

**Step11** 选择节点解等值图，如图 4-48 所示。

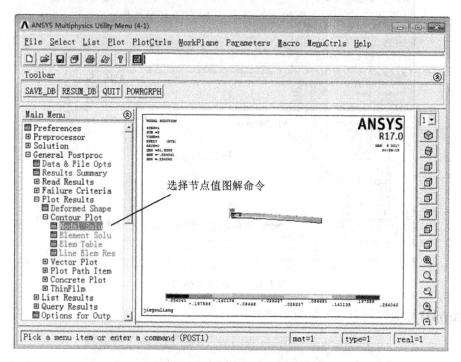

图 4-48　选择节点解等值图

**Step12** 选择节点解参数，如图 4-49 所示。

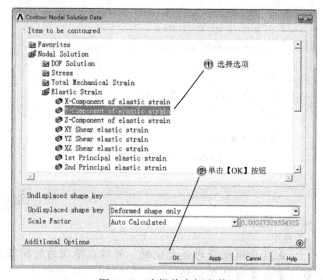

图 4-49　选择节点解参数

**Step13** 第 15 秒节点解等值图，如图 4-50 所示。

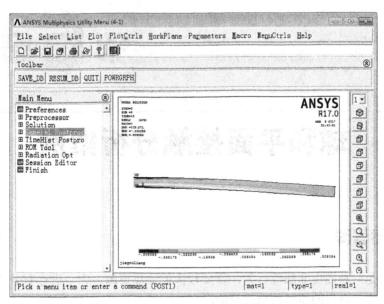

图 4-50　第 15 秒节点解等值图

## 4.4　案例小结

本章主要学习了结构梁的多载荷加载和求解过程，无论是多载荷步还是单载荷步，其基本的载荷定义是一样的，多载荷步只不过是加上了时间的属性，可以通过案例认真体会。

# 第 5 章

## 球和平面接触分析案例

 **本章导读**

接触问题是一种高度非线性行为,需要较大的计算资源,为了进行有效的计算,理解问题的特性和建立合理的模型是很重要的。

本章通过介绍 ANSYS 接触分析的理论,讲解其中参数的设置方法与功能,最后通过球和平面接触分析实例对 ANSYS 接触分析功能进行具体演示。

| | 学习目标 | | | | |
|---|---|---|---|---|---|
| | 知识点 | 了解 | 理解 | 应用 | 实践 |
| 学习要求 | 接触单元理论 | | √ | | |
| | 接触单元分类 | | √ | | |
| | 球和平面接触分析 | | √ | √ | √ |
| | | | | | |
| | | | | | |
| | | | | | |

## 5.1 案例分析

 **5.1.1 知识链接**

**1. 一般分类**

接触问题分为两种基本类型：刚体和柔体的接触，半柔体和柔体的接触。在刚体和柔体的接触问题中，接触面的一个或多个当作刚体（与它接触的变形体相比，有大得多的刚度），一般情况下，一种软材料和一种硬材料接触时，问题可以被假定为刚体和柔体的接触，许多金属成形问题归为此类接触；另一类，柔体和柔体的接触，是一种更普遍的类型，在这种情况下，两个接触体都是变形体（有近似的刚度）。

ANSYS 支持 3 种接触方式：点和点、点和面、面和面。每种接触方式使用的接触单元适用于某类问题。

> 提示：
> 接触问题存在两个较大的难点。
> （1）接触区域不好确定，表面之间是接触或分开是未知的，这些因素都会随载荷、材料、边界条件或其他条件而突然变化。
> （2）大多的接触问题需要计算摩擦，有几种摩擦和模型可供挑选，它们都是非线性的，摩擦使问题的收敛性变得困难。

**2. 接触单元**

为了给接触问题建模，首先必须认识到模型中哪些部分可能会相互接触，如果相互作用的其中之一是一个点，模型的对应组元是一个节点。如果相互作用的其中之一是一个面，模型的对应组元是单元，例如梁单元、壳单元或实体单元，有限元模型通过指定的接触单元来识别可能的接触匹对，接触单元是覆盖在分析模型接触面之上的一层单元，ANSYS 使用的接触单元和使用它们的过程如下。

（1）点和点接触单元

点和点接触单元主要用于模拟点和点的接触行为，为了使用点和点的接触单元，需要预先知道接触位置，这类接触问题只能适用于接触面之间有较小相对滑动的情况（即使在几何非线性情况下）。

如果两个面上的节点一一对应，相对滑动又可以忽略不计，两个面的挠度（转动）保持小量，那么可以用点和点的接触单元来求解面和面的接触问题，过盈装配问题是一个用点和点的接触单元来模拟点和面的接触问题的典型例子。

（2）点和面接触单元

点和面接触单元主要用于给点和面的接触方式建模，例如两根梁的相互接触。

如果通过一组节点来定义接触面，生成多个单元，那么，可以通过点和面的接触单元来模拟面和面的接触问题，面即可以是刚性体也可以是柔性体，这类接触问题的一个典型例子是抽头插到插座里。使用这类接触单元，不需要预先知道确切的接触位置，接触面之间也不需要保持一致的网格，并且允许有大的变形和大的相对滑动。

Contact48 和 Contact49 都是点和面的接触单元，Contact26 用来模拟柔性点和刚性面的接触，对有不连续的刚性面的问题，不推荐采用 Contact26，因为可能导致接触的丢失，在这种情况下，Contact48 通过使用伪单元算法能提供较好的建模能力。

（3）面和面的接触单元

ANSYS 支持刚体和柔体的面和面的接触单元，刚性面当作"目标"面，分别用 Targe 169 和 Targe170 来模拟 2D 和 3D 的"目标"面，柔性体的表面当作"接触"面，用 Conta 171、Conta172、Conta173、Conta174 来模拟。一个目标单元和一个接触单元叫做一个"接触对"，程序通过一个共享的实常号来识别"接触对"，为了建立一个"接触对"给目标单元和接触单元指定相同的实常号。

与点和面接触单元相比，面和面接触单元有如下几项优点。

①支持低阶和高阶单元。
②支持有大滑动和摩擦的大变形，协调刚度阵计算，不对称单元刚度阵的计算。
③提供工程目的采用的接触结果，例如法向压力和摩擦应力。
④没有刚体表面形状的限制，刚体表面的光滑性不是必须的，允许有自然的或网格离散引起的表面不连续。
⑤与点和面接触单元比，需要较多的接触单元，因而只需要较小的磁盘空间和 CPU 运算时间。
⑥允许多种建模控制，目标面自动移动到补始接触，平移接触面（老虎梁和单元的厚度），支持死活单元，支持耦合场分析等。

 **5.1.2 设计思路**

如图 5-1 所示，以球和槽平面的滚动接触为例进行分析。图示的球和槽都是刚体，接触位置是一个面，因此，在选择的时候要选择面作为接触对象，而球体本身也是接触面。设置如下的参数，最后分析接触面的应力。

# 第 5 章
## 球和平面接触分析案例

材料选择 GCr15 制造，槽的长度为 6，宽度为 1，厚度为 0.5，钢球直径 D 为⌀0.5，接触角 α 为零，钢球数量 2 个。材料参数：弹性模量为 207000MPa，泊松比为 0.3，接触面应力为 2000N。

图 5-1  球和平面模型

## 5.2  案例设置

创建模型包括创建模型主体，主体包括球体和槽两部分，原则上球体和槽是分离的，之后分别进行网格化处理。

本案例完成文件：/05/5-1.db

多媒体教学路径：光盘→多媒体教学→第 5 章→第 2 节

### 5.2.1  创建模型主体

**Step1** 修改文件名，如图 5-2 所示。

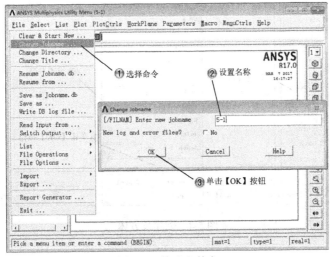

图 5-2  修改文件名

· 151 ·

**Step2** 修改标题名，如图 5-3 所示。

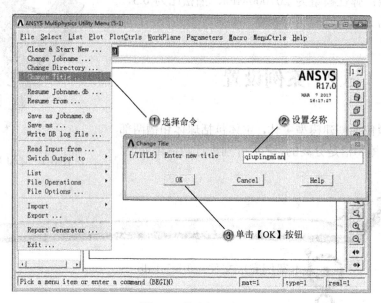

图 5-3　修改标题名

**Step3** 创建长方体，如图 5-4 所示。

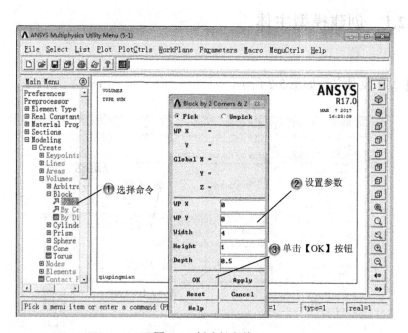

图 5-4　创建长方体

# 第 5 章 球和平面接触分析案例

**Step4** 完成长方体创建,如图 5-5 所示。

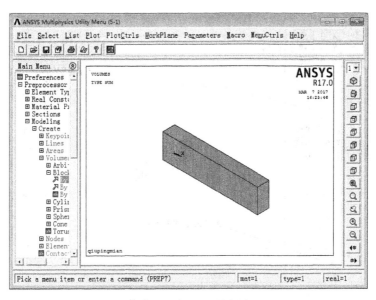

图 5-5  完成长方体创建

**Step5** 偏移坐标系,如图 5-6 所示。

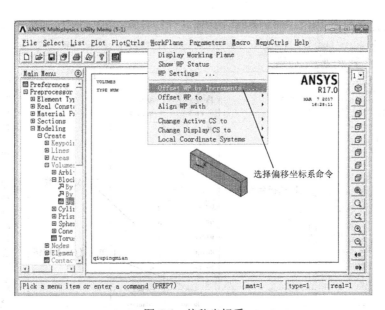

图 5-6  偏移坐标系

**Step6** 设置坐标系参数，如图 5-7 所示。

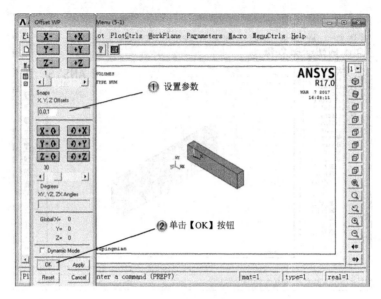

图 5-7　设置坐标系参数

**Step7** 创建长方体，如图 5-8 所示。

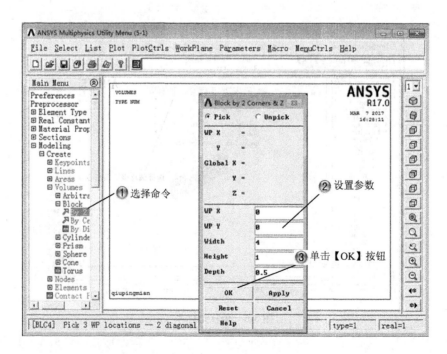

图 5-8　创建长方体

> ⭐ 提示：
>
> 长方体也可以使用布尔运算相减得到，可以根据实际情况合理选择。

**Step8** 偏移坐标系，如图 5-9 所示。

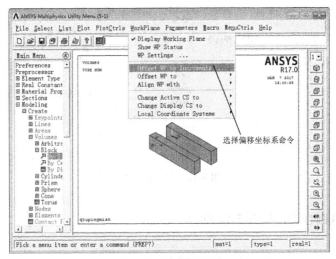

图 5-9　偏移坐标系

**Step9** 设置坐标系参数，如图 5-10 所示。

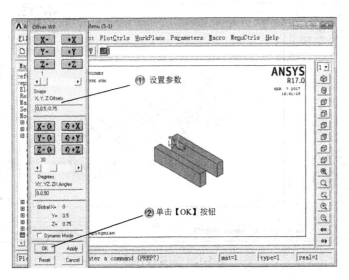

图 5-10　设置坐标系参数

**Step10** 创建圆柱体，如图 5-11 所示。

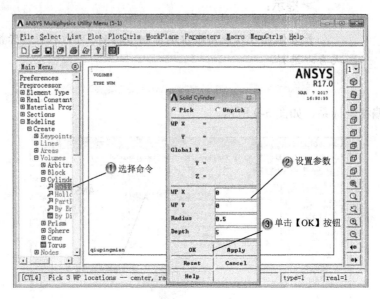

图 5-11　创建圆柱体

**Step11** 完成圆柱体，如图 5-12 所示。

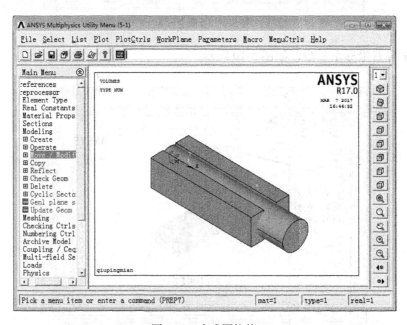

图 5-12　完成圆柱体

# 第 5 章 球和平面接触分析案例

**Step12** 布尔减运算，如图 5-13 所示。

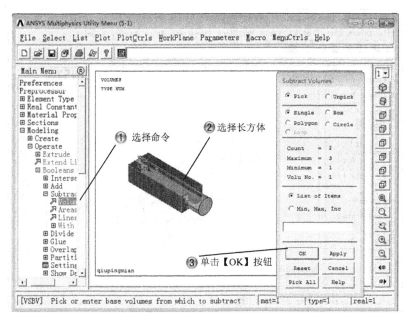

图 5-13  布尔减运算

**Step13** 选择减去的特征，如图 5-14 所示。

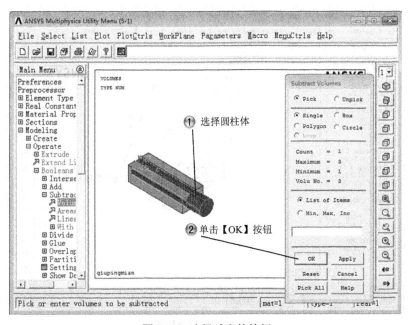

图 5-14  选择减去的特征

· 157 ·

**Step14** 完成的布尔运算，如图 5-15 所示。

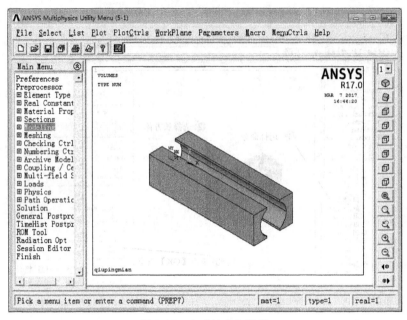

图 5-15　完成的布尔运算

**Step15** 偏移坐标系，如图 5-16 所示。

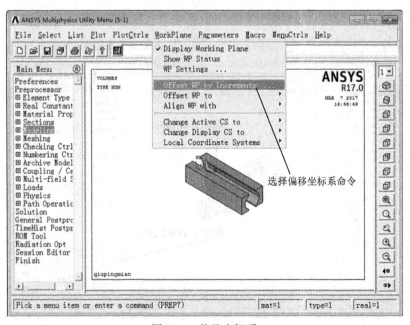

图 5-16　偏移坐标系

**Step16** 设置坐标系参数，如图 5-17 所示。

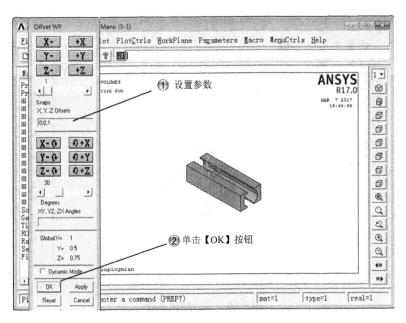

图 5-17　设置坐标系参数

**Step17** 创建球体，如图 5-18 所示。

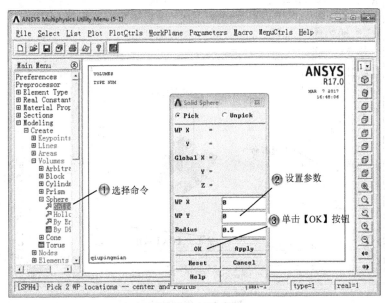

图 5-18　创建球体

**Step18** 完成球体创建，如图 5-19 所示。

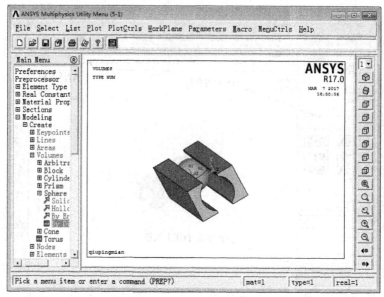

图 5-19　完成球体创建

**Step19** 复制球体，如图 5-20 所示。

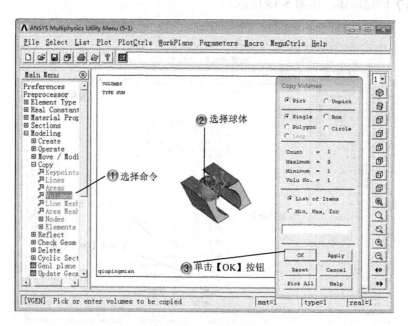

图 5-20　复制球体

第 5 章 球和平面接触分析案例

**Step20** 设置复制参数，如图 5-21 所示。

| Copy Volumes | | |
|---|---|---|
| [VGEN] Copy Volumes | | |
| ITIME Number of copies - | 2 | |
| - including original | | |
| DX X-offset in active CS | 2 | |
| DY Y-offset in active CS | 0 | |
| DZ Z-offset in active CS | 0 | |
| KINC Keypoint increment | | |
| NOELEM Items to be copied | Volumes and mesh | |

② 单击【OK】按钮　　① 设置参数

图 5-21　设置复制参数

 提示：

　　复制的参数含义：分别表示复制后有 2 个特征和 X 方向两个特征相距为 2。

**Step21** 完成模型的创建，如图 5-22 所示。

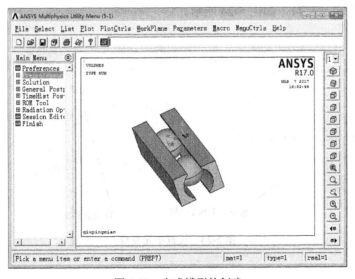

图 5-22　完成模型的创建

### 5.2.2 模型网格化

**Step1** 定义单元类型，如图 5-23 所示。

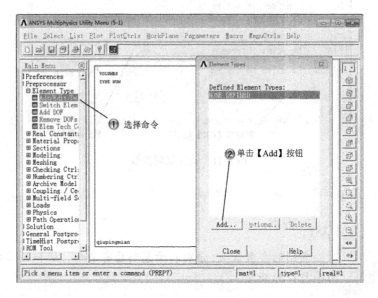

图 5-23　定义单元类型

**Step2** 设置单元参数，如图 5-24 所示。

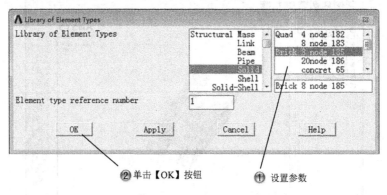

图 5-24　设置单元参数

# 第 5 章
## 球和平面接触分析案例

**Step3** 定义材料参数，如图 5-25 所示。

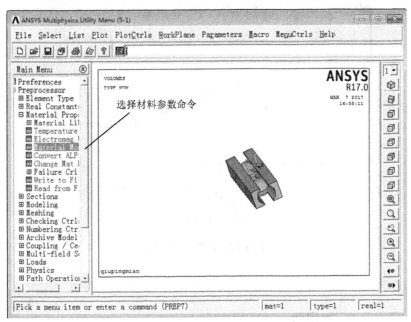

图 5-25　定义材料参数

**Step4** 选择材料选项，如图 5-26 所示。

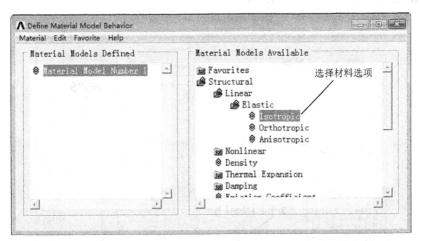

图 5-26　选择材料选项

**Step5** 设置材料参数，如图 5-27 所示。

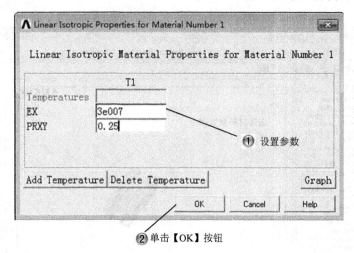

图 5-27 设置材料参数

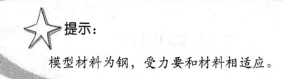

提示：

模型材料为钢，受力要和材料相适应。

**Step6** 划分网格，如图 5-28 所示。

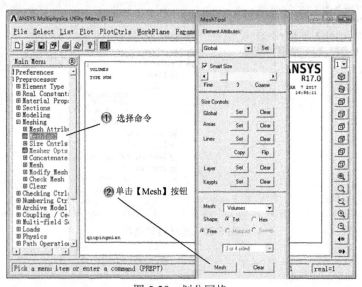

图 5-28 划分网格

**Step7** 选择所有实体，如图 5-29 所示。

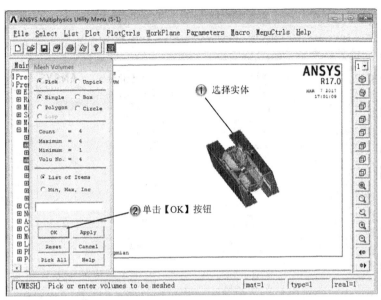

图 5-29　选择所有实体

**Step8** 完成网格划分，如图 5-30 所示。

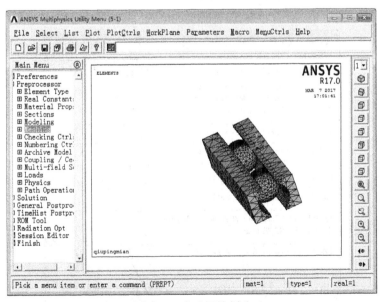

图 5-30　完成网格划分

**Step9** 优化网格，如图 5-31 所示。

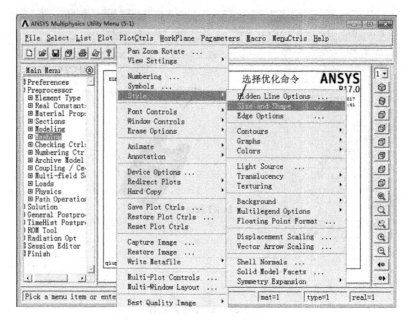

图 5-31　优化网格

**Step10** 设置优化参数，如图 5-32 所示。

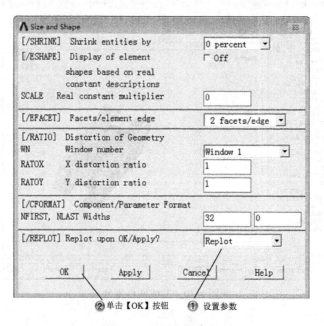

图 5-32　设置优化参数

## 5.3 分析结果

由于模型比较复杂，因此在设置好约束和压力后，分析求解过程需要一定时间，在计算完成之后才能查看分析结果。

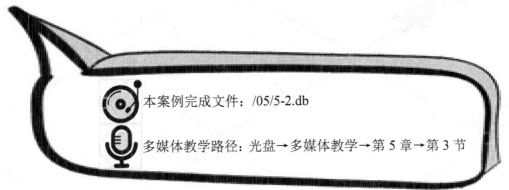

本案例完成文件：/05/5-2.db

多媒体教学路径：光盘→多媒体教学→第 5 章→第 3 节

### 5.3.1 设置接触条件

**Step1** 修改文件名，如图 5-33 所示。

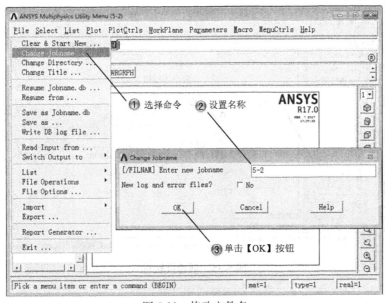

图 5-33 修改文件名

**Step2** 恢复模型，如图 5-34 所示。

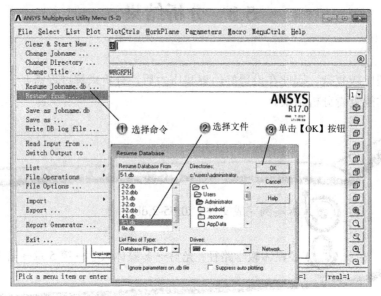

图 5-34 恢复模型

**Step3** 创建接触对，如图 5-35 所示。

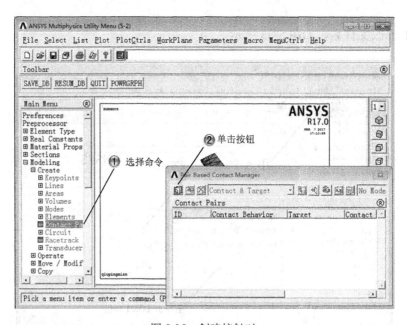

图 5-35 创建接触对

# 第 5 章
## 球和平面接触分析案例

> 提示:
> 
> 接触对的创建是必须的,这样接触分析才能成功。

**Step4** 选择【Pick Target】选项,如图 5-36 所示。

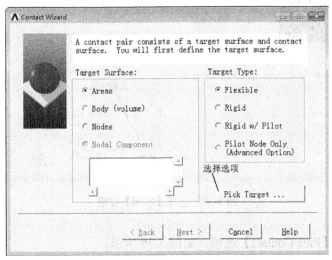

图 5-36 选择【Pick Target】选项

**Step5** 选择接触面,如图 5-37 所示。

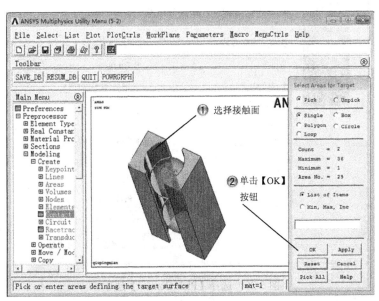

图 5-37 选择接触面

⚡**Step6** 选择【Next】按钮，如图 5-38 所示。

图 5-38  选择【Next】按钮

⚡**Step7** 选择【Pick Contact】选项，如图 5-39 所示。

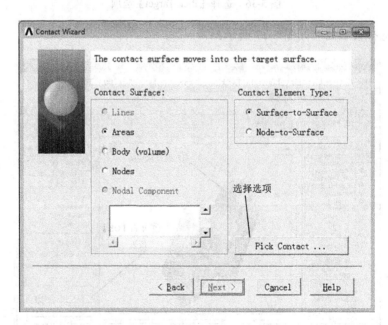

图 5-39  选择【Pick Contact】选项

# 第5章 球和平面接触分析案例

⚡ **Step8** 选择球体接触面,如图5-40所示。

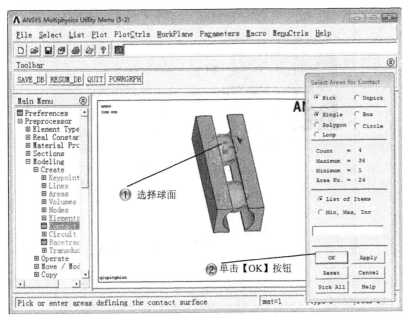

图5-40 选择球体接触面

⚡ **Step9** 选择【Next】按钮,如图5-41所示。

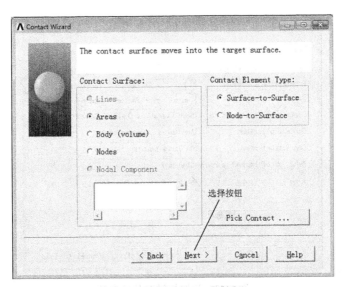

图5-41 选择【Next】按钮

**Step10** 选择【Optional settings】按钮，如图 5-42 所示。

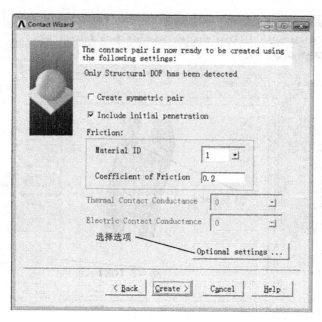

图 5-42　选择【Optional settings】按钮

**Step11** 设置接触对基础参数，如图 5-43 所示。

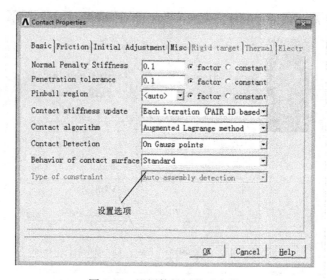

图 5-43　设置接触对基础参数

# 第 5 章
## 球和平面接触分析案例

**Step12** 设置摩擦参数，如图 5-44 所示。

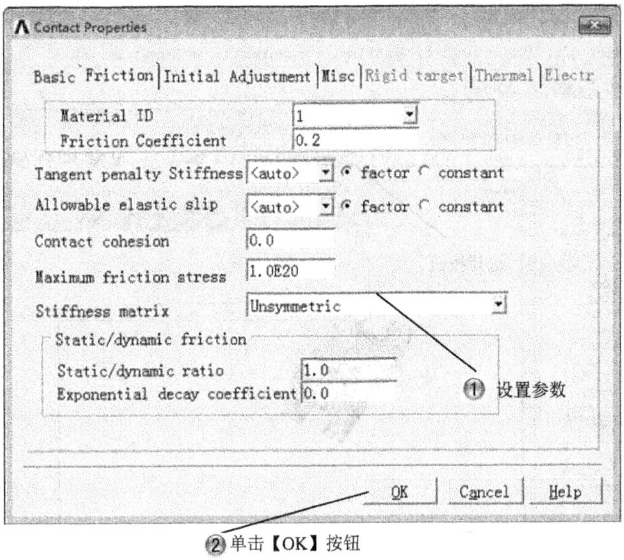

图 5-44 设置摩擦参数

**Step13** 创建接触对，如图 5-45 所示。

图 5-45 创建接触对

**Step14** 创建第二对接触对，如图5-46所示。

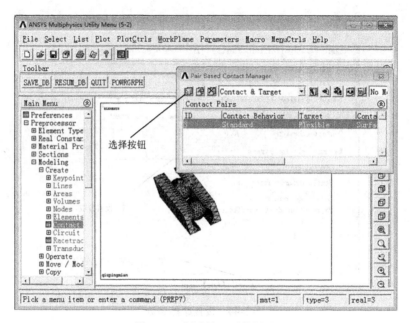

图5-46 创建第二对接触对

**Step15** 选择【Pick Target】选项，如图5-47所示。

图5-47 选择【Pick Target】选项

**Step16** 选择接触面，如图 5-48 所示。

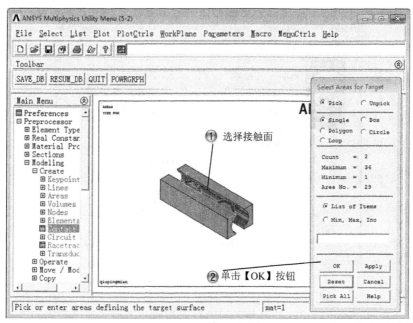

图 5-48　选择接触面

**Step17** 选择【Next】按钮，如图 5-49 所示。

图 5-49　选择【Next】按钮

**Step18** 选择【Pick Contact】选项，如图 5-50 所示。

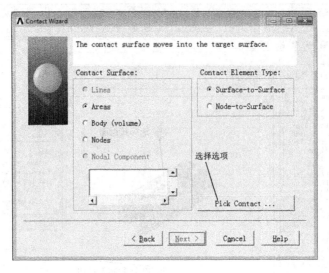

图 5-50　选择【Pick Contact】选项

**Step19** 选择球体接触面，如图 5-51 所示。

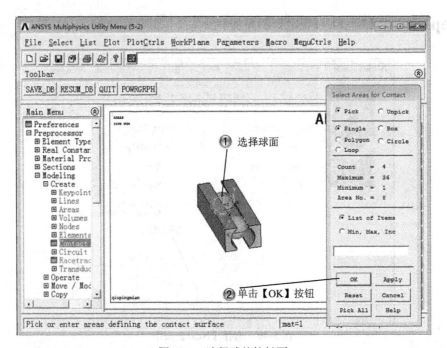

图 5-51　选择球体接触面

**Step20** 选择【Next】按钮，如图 5-52 所示。

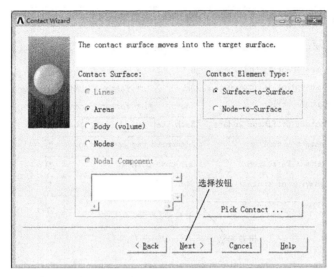

图 5-52　选择【Next】按钮

**Step21** 选择【Optional settings】按钮，如图 5-53 所示。

图 5-53　选择【Optional settings】按钮

⚡ **Step22** 设置接触面基础参数，如图 5-54 所示。

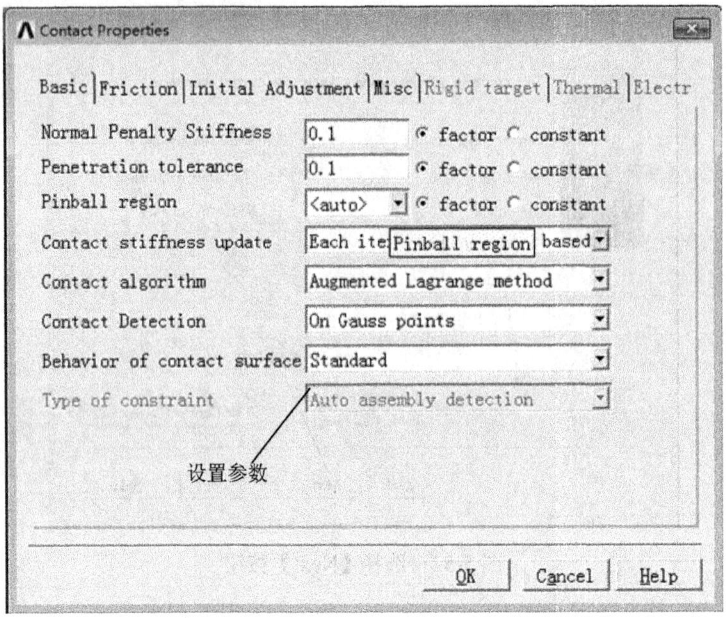

图 5-54 设置接触面基础参数

⚡ **Step23** 设置摩擦参数，如图 5-55 所示。

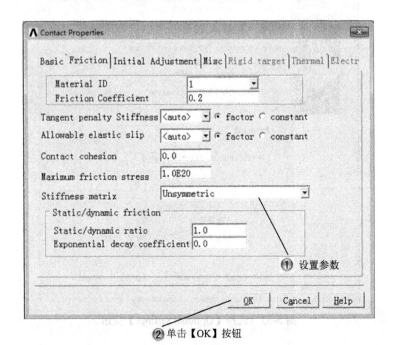

图 5-55 设置摩擦参数

# 第 5 章
球和平面接触分析案例

**Step24** 创建接触对,如图 5-56 所示。

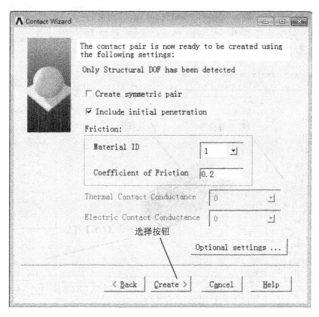

图 5-56 创建接触对

**Step25** 完成接触对创建,如图 5-57 所示。

图 5-57 完成接触对创建

**Step26** 设置约束面，如图 5-58 所示。

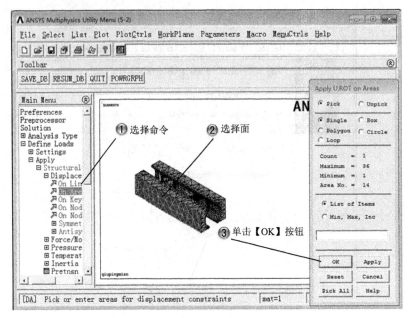

图 5-58 设置约束面

**Step27** 设置约束自由度，如图 5-59 所示。

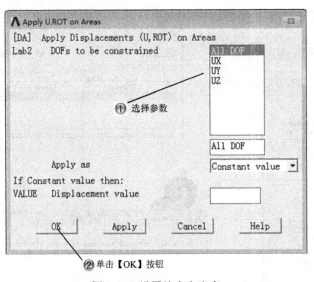

图 5-59 设置约束自由度

**Step28** 设置压力面，如图 5-60 所示。

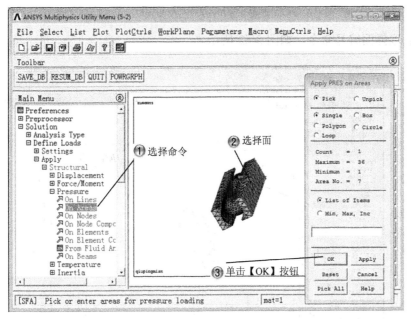

图 5-60 设置压力面

**Step29** 设置压力值，如图 5-61 所示。

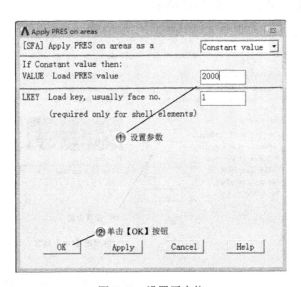

图 5-61 设置压力值

## 5.3.2 模型分析

**Step1** 选择面编号命令，如图 5-62 所示。

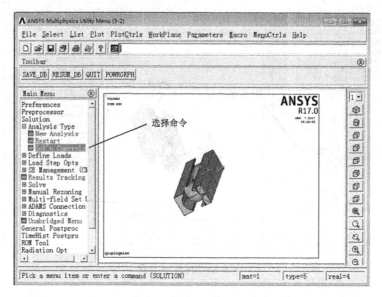

图 5-62 选择面编号命令

**Step2** 设置面编号显示，如图 5-63 所示。

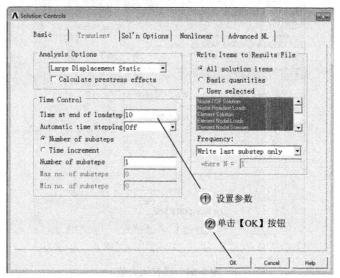

图 5-63 设置面编号显示

# 第 5 章
## 球和平面接触分析案例

**Step3** 求解计算,如图 5-64 所示。

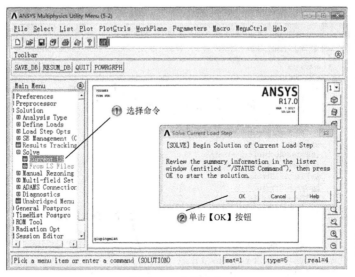

图 5-64　求解计算

> **提示:**
> 此时系统内存可能已经用完,这时可以保存后退出 ANSYS 再打开继续进行求解工作,释放划分网格时占用的内存。

**Step4** 选择等值图命令,如图 5-65 所示。

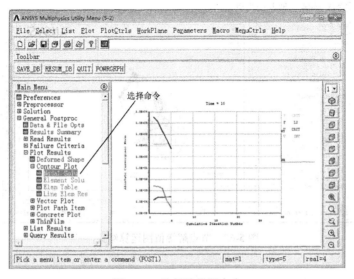

图 5-65　选择等值图命令

**Step5** 选择等值图参数，如图 5-66 所示。

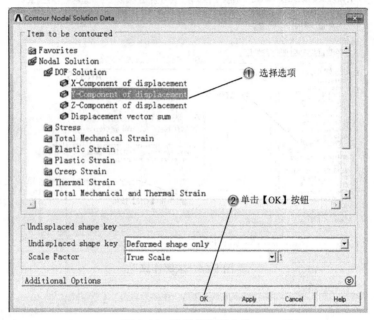

图 5-66　选择等值图参数

**Step6** 节点解等值图运算结果，如图 5-67 所示。

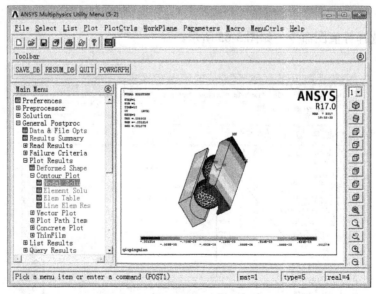

图 5-67　节点解等值图运算结果

# 第 5 章
## 球和平面接触分析案例

 **Step7** 选择应变分布图选项，图 5-68 所示。

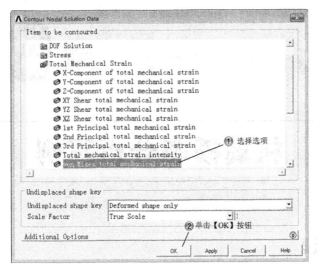

图 5-68　选择应变分布图选项

 **Step8** 应变分布图结果，如图 5-69 所示。

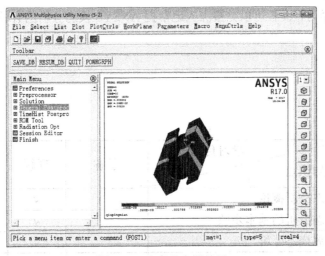

图 5-69　应变分布图结果

## 5.4　案例小结

本章的练习主要学习球和平面的接触分析过程，以及设置接触分析的方法和参数，属于典型的 ANSYS 面接触分析操作。通过本章的学习，读者可以完整深入地掌握 ANSYS 接触分析的各种功能和应用方法。

# 第 6 章

# 机翼模态分析案例

 **本章导读**

模态分析是所有动力学分析类型的最基础内容。本章介绍 ANSYS 模态分析的全流程步骤,讲解各种参数的设置方法与功能,最后通过机翼模态分析实例对 ANSYS 模态分析功能进行具体演示。

通过本章的学习,读者可以完整深入地掌握 ANSYS 模态分析的各种功能和应用方法。

| 学习要求 | 学习目标 知识点 | 了解 | 理解 | 应用 | 实践 |
|---|---|---|---|---|---|
| | 模态分析概论 | | √ | | |
| | 模态分析的基本步骤 | | √ | √ | |
| | 机翼模态分析 | | √ | √ | √ |
| | | | | | |
| | | | | | |

# 第 6 章 机翼模态分析案例

## 6.1 案例分析

### 6.1.1 知识链接

**1. 模态分析概论**

模态分析是用来确定结构振动特性的一种技术，通过它可以确定自然频率、振型和振型参与系数（即在特定方向上某个振型在多大程度上参与了振动）。

进行模态分析有许多好处：可以使结构设计避免共振或以特定频率进行振动（例如扬声器），使工程师认识到结构对不同类型的动力载荷是如何响应的，有助于在其他动力分析中估算求解控制参数（如时间步长）。由于结构的振动特性决定了结构对各种动力载荷的响应情况，所以，在准备进行其他动力分析之前首先要进行模态分析。

使用 ANSYS 的模态分析来决定一个结构或者机器部件的振动频率（固有频率和振型）。模态分析也可以是另一个动力学分析的出发点，例如，瞬态动力学分析、谐响应分析或者谱分析等。

用模态分析可以确定一个结构的固有频率和振型。固有频率和振型是承受动态载荷结构设计中的重要参数。如果要进行模态叠加法谐响应分析或瞬态动力学分析，固有频率和振型也是必要的。可以对有预应力的结构进行模态分析，例如旋转的涡轮叶片。另一个有用的分析功能是循环对称结构模态分析，该功能允许通过只对循环对称结构的一部分进行建模，而分析产生整个结构的振型。可选的模态提取方法有 6 种：Block Lanczos（默认），subspace，PowerDynamics，reduced，unsymmetric，damped 和 QR damped。其中 Damped 和 QRdamped 方法允许结构中包含阻尼。

提示：

> ANSYS 产品家族的模态分析是线性分析，任何非线性特性，如塑性和接触（间隙）单元，即使定义了也将被忽略。

**2. 模态分析的基本步骤**

（1）建模

在这一步中要指定项目名和分析标题，然后用前处理器 PREP7 定义单元类型、单元实常数、材料性质以及几何模型，这些工作对大多数分析是相似的。

模态分析中只有线性行为是有效的，如果指定了非线性单元，他们将被认为是线性的。例如，如果分析中包含了接触单元，则系统取其初始状态的刚度值，并且不再改变此刚度值。

必须指定弹性模量 EX（或某种形式的刚度）和密度 DENS（或某种形式的质量）。材料性质可以是线性的或非线性的、各向同性或正交各向异性的、恒定的或与温度有关的，非线性特性将被忽略。必须对某些指定的单元（COMBIN7，COMBINI4，COMBIN37）进行实常数的定义。

（2）加载及求解

在这一步中要定义分析类型和分析选项，施加载荷，指定加载阶段选项，并进行固有频率的有限元求解，在得到初始解后，应该对模态进行扩展以供查看。

（3）定义自由度

只有采用 Reduced 模态提取法时需要定义。主自由度（MDOF）是结构动力学行为的特征自由度，主自由度的个数至少要是所关心模态数的两倍，这里推荐读者根据自己对结构动力学特性的了解，尽可能地多的定义主自由度，并且允许 ANSYS 软件根据结构刚度与质量的比值定义一些额外的主自由度。还可以列表显示定义的主自由度，也可以删除无关的主自由度。

（4）在模型上加载荷

在典型的模态分析中唯一有效的"载荷"是零位移约束。如果在某个 DOF 处指定了一个非零位移约束，程序将以零位移约束替代该 DOF 处的设置。可以施加除位移约束之外的其他载荷，但它们将被忽略。在未加约束的方向上，程序将解算刚体运动（零频）以及高频（非零频）自由体模态。

☆提示：

其他类型的载荷（力，压力，温度，加速度等）可以在模态分析中指定，但模态提取时将被忽略。程序会计算出相应于所有载荷的载荷矢量，并将这些矢量写到振型文件 Jobname.MODE 中，以便在模态叠加法谐响应分析或瞬态分析中使用。在分析过程中，可以增加、删除载荷或进行载荷间运算。

（5）指定载荷步选项并求解

模态分析中可用的载荷步选项有质量阻尼、刚度阻尼、恒定阻尼比、材料阻尼比、单元阻尼比和输出，设置完成后，最后进行求解计算。

**3. 扩展模态**

从严格意义上来说，"扩展"这个词意味着将减缩解扩展到完整的 DOF 集上。减缩解常用主 DOF 表达。而在模态分析中，我们用"扩展"这个词指将振型写入结果文件。也就是说，"扩展模态"不仅适用于"Reduced"模态提取方法得到的减缩振型，而且也适用于其他模态提取方法得到的完整振型。因此，如果想在后处理器中查看振型，必须先对其扩展（也就是将振型写入结果文件）。

> **提示：**
>
> 模态扩展要求振型文件 Jobname.MODE、文件 Jobnarn.EMAT、Jobname.ESAV 及 Jobname.TRI（如果采用 Reduced 法）必须存在，数据库中必须包含与计算模态时完全相同的分析模型。

### 6.1.2 设计思路

如图 6-1 所示，机翼模型是由铝材构成的，一端固定，一端自由。材料的弹性模量为 38000psi，密度为 2700g/cm³，泊松比为 0.3，分析其自身的固有频率。

首先建立机翼模型，之后设置材料属性和约束条件，再设置扩展模态并求解。

图 6-1 机翼模型

## 6.2 案例设置

创建模型包括创建模型主体，模型主体由一个截面拉伸形成，截面草图位于 XY 平面，之后进行模型网格化。

本案例完成文件：/06/6-1.db

多媒体教学路径：光盘→多媒体教学→第 6 章→第 2 节

### 6.2.1 创建模型主体

**Step1** 创建第 1 点，如图 6-2 所示。

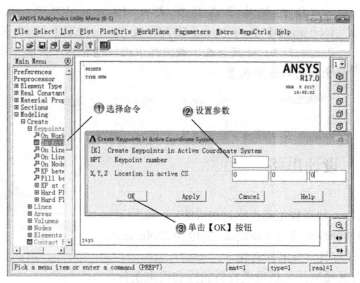

图 6-2 创建第 1 点

**Step2** 创建第 2 点，如图 6-3 所示。

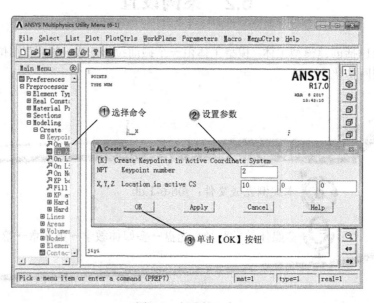

图 6-3 创建第 2 点

**Step3** 创建第 3 点，如图 6-4 所示。

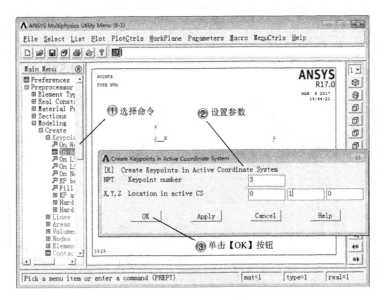

图 6-4　创建第 3 点

**Step4** 创建第 4 点，如图 6-5 所示。

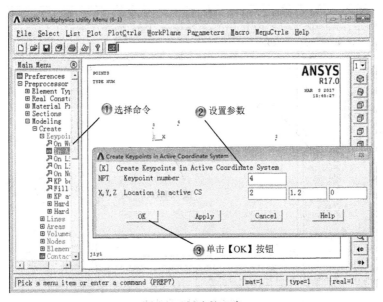

图 6-5　创建第 4 点

**Step5** 创建第 5 点，如图 6-6 所示。

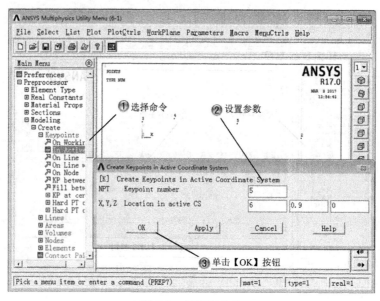

图 6-6　创建第 5 点

**Step6** 创建直线 1，如图 6-7 所示。

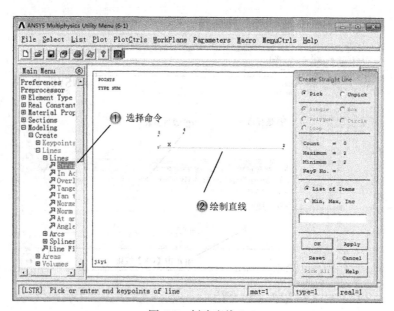

图 6-7　创建直线 1

**Step7** 创建直线 2,如图 6-8 所示。

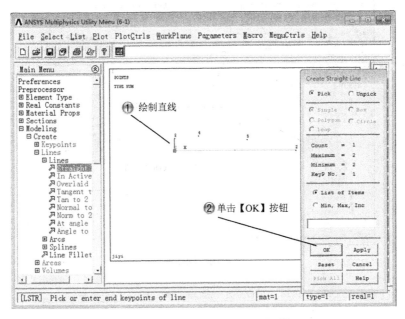

图 6-8　创建直线 2

**Step8** 创建曲线,如图 6-9 所示。

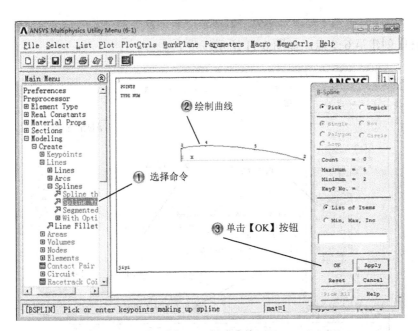

图 6-9　创建曲线

**Step9** 创建面，如图6-10所示。

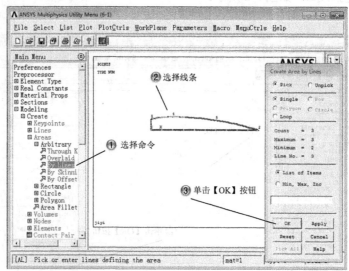

图6-10　创建面

> **提示：**
> 要拉伸的模型截面必须是封闭的，开放的截面创建的是一个面体而不是三维实体。

**Step10** 创建第6个点，如图6-11所示。

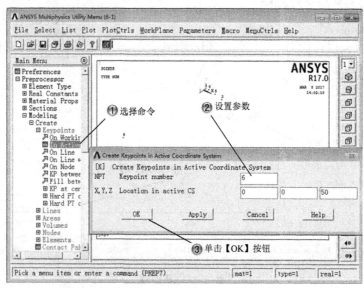

图6-11　创建第6个点

**Step11** 绘制直线,如图 6-12 所示。

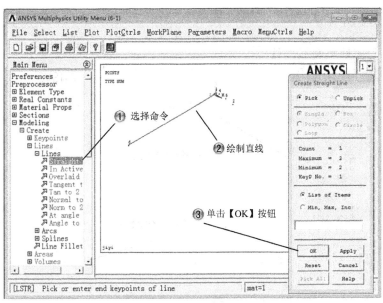

图 6-12　绘制直线

**Step12** 选择拉伸面,如图 6-13 所示。

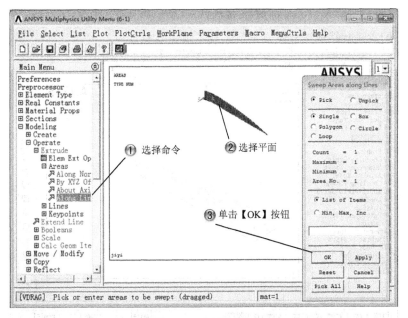

图 6-13　选择拉伸面

**Step13** 选择移动轨迹线,如图 6-14 所示。

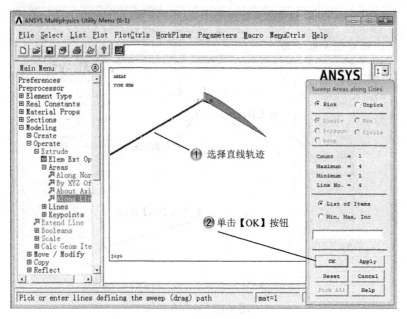

图 6-14 选择移动轨迹线

**Step14** 完成机翼模型,如图 6-15 所示。

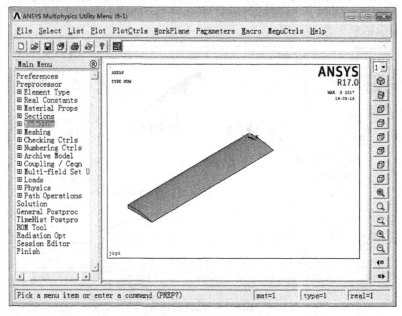

图 6-15 完成机翼模型

## 6.2.2 模型网格化

**Step1** 添加单元类型,如图 6-16 所示。

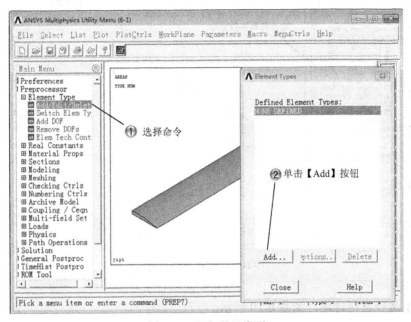

图 6-16  添加单元类型

**Step2** 设置单元参数,如图 6-17 所示。

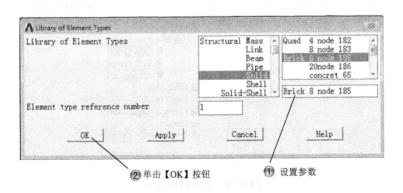

图 6-17  设置单元参数

**Step3** 设置材料参数，如图 6-18 所示。

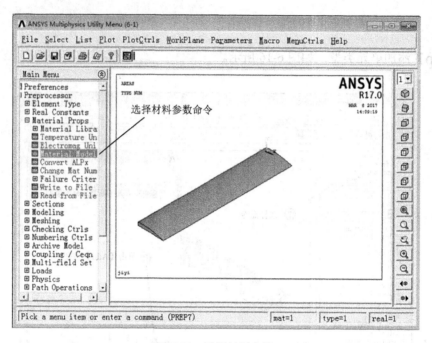

图 6-18　设置材料参数

**Step4** 选择材料选项，如图 6-19 所示。

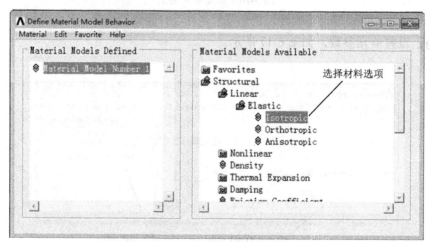

图 6-19　选择材料选项

**Step5** 设置材料参数,如图 6-20 所示。

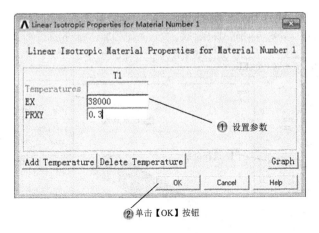

图 6-20　设置材料参数

**Step6** 选择密度选项,如图 6-21 所示。

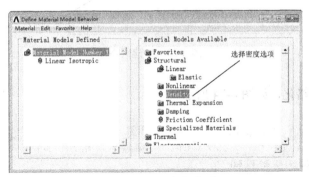

图 6-21　选择密度选项

**Step7** 设置密度参数,如图 6-22 所示。

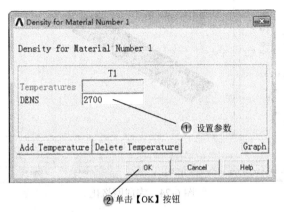

图 6-22　设置密度参数

**Step8** 创建网格，如图 6-23 所示。

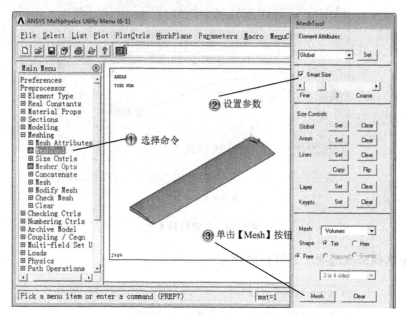

图 6-23  创建网格

**Step9** 完成网格化，如图 6-24 所示。

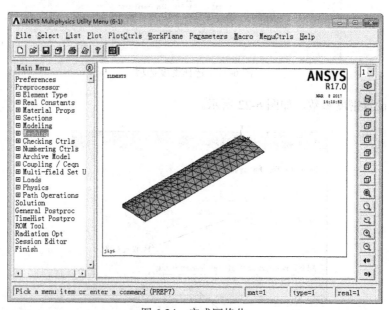

图 6-24  完成网格化

# 第 6 章
## 机翼模态分析案例

## 6.3 分析结果

模型网格化完成后，只需要加载一端的固定约束即可，之后进行模型分析，分析结果振型共有十阶，分别对一、二阶进行结果输出，最后查看等值云图。

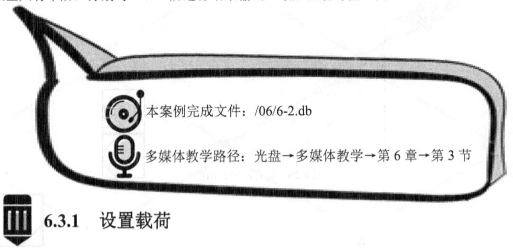

本案例完成文件：/06/6-2.db

多媒体教学路径：光盘→多媒体教学→第 6 章→第 3 节

### 6.3.1 设置载荷

**Step1** 选择固定面，如图 6-25 所示。

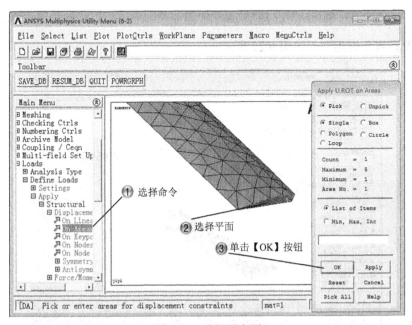

图 6-25 选择固定面

**Step2** 设置面的自由度，如图 6-26 所示。

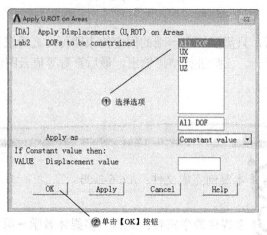

图 6-26 设置面的自由度

> 提示：
> 主自由度（MDOF）是结构动力学行为的特征自由度，主自由度的个数至少要是所关心模态数的两倍。

**Step3** 设置分析类型，如图 6-27 所示。

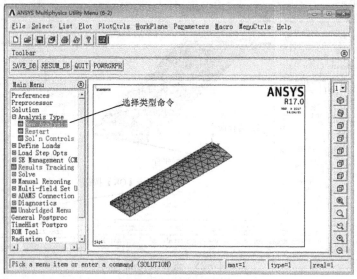

图 6-27 设置分析类型

**Step4** 选择分析类型选项，如图 6-28 所示。

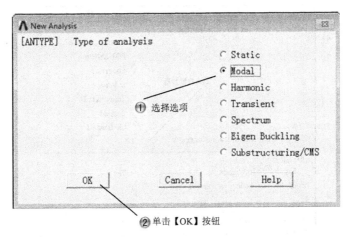

图 6-28 选择分析类型选项

**Step5** 选择分析配置命令，如图 6-29 所示。

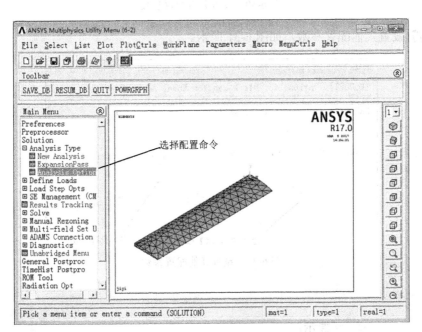

图 6-29 选择分析配置命令

**Step6** 设置分析配置参数，如图6-30所示。

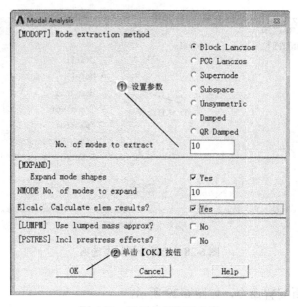

图6-30 设置分析配置参数

**Step7** 设置其他配置参数，如图6-31所示。

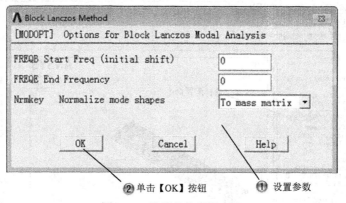

图6-31 设置其他配置参数

提示：

在典型的模态分析中唯一有效的"载荷"是零位移约束。如果在某个DOF处指定了一个非零位移约束，程序将以零位移约束替代该DOF处的设置。

## 6.3.2 模型分析

**Step1** 求解计算，如图 6-32 所示。

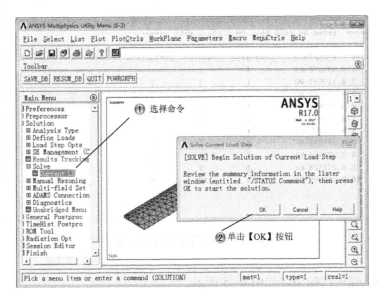

图 6-32　求解计算

**Step2** 选择结果命令，如图 6-33 所示。

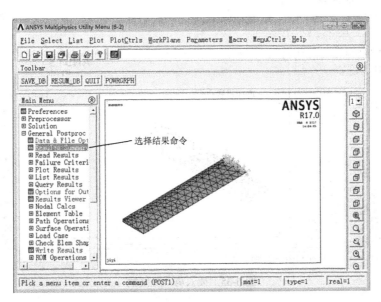

图 6-33　选择结果命令

**Step3** 显示分析的振型结果，如图 6-34 所示。

SET,LIST Command

File

***** INDEX OF DATA SETS ON RESULTS FILE *****

| SET | TIME/FREQ | LOAD STEP | SUBSTEP | CUMULATIVE |
|---|---|---|---|---|
| 1 | 0.59837E-03 | 1 | 1 | 1 |
| 2 | 0.21359E-02 | 1 | 2 | 2 |
| 3 | 0.37618E-02 | 1 | 3 | 3 |
| 4 | 0.81762E-02 | 1 | 4 | 4 |
| 5 | 0.10420E-01 | 1 | 5 | 5 |
| 6 | 0.11910E-01 | 1 | 6 | 6 |
| 7 | 0.18859E-01 | 1 | 7 | 7 |
| 8 | 0.20739E-01 | 1 | 8 | 8 |
| 9 | 0.24282E-01 | 1 | 9 | 9 |
| 10 | 0.29220E-01 | 1 | 10 | 10 |

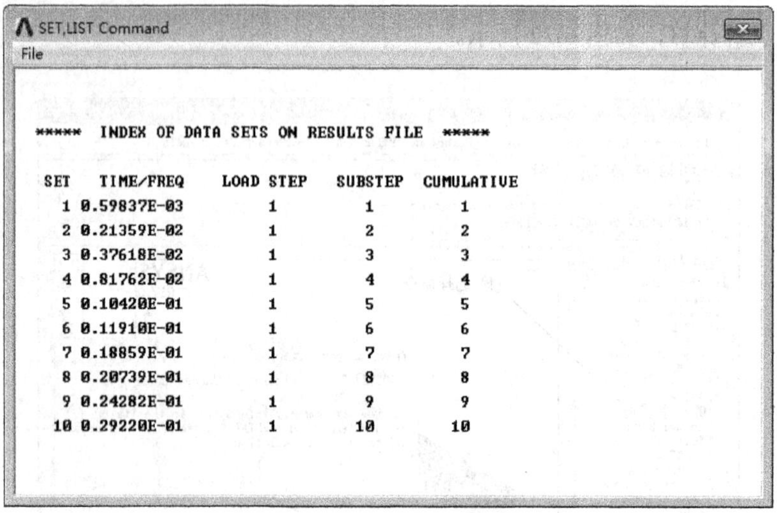

图 6-34　显示分析的振型结果

**Step4** 读入第一阶振型，如图 6-35 所示。

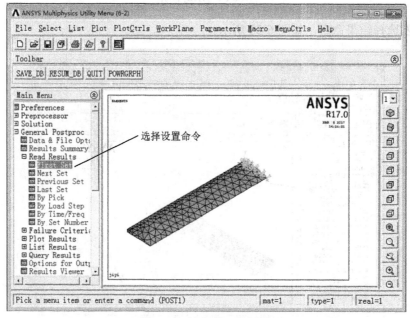

图 6-35　读入第一阶振型

**Step5** 选择动画命令，如图 6-36 所示。

图 6-36 选择动画命令

**Step6** 设置动画参数，如图 6-37 所示。

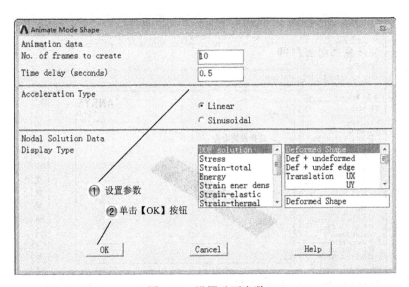

图 6-37 设置动画参数

**Step7** 一阶振型动画,如图 6-38 所示。

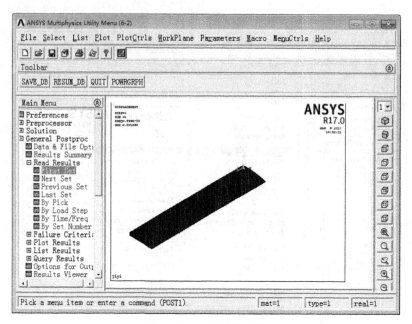

图 6-38　一阶振型动画

**Step8** 读入第二阶振型结果,如图 6-39 所示。

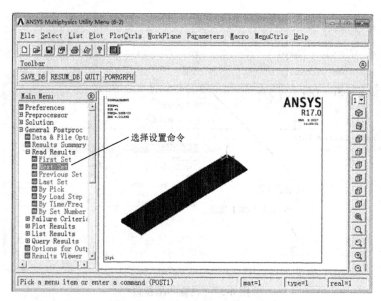

图 6-39　读入第二阶振型结果

# 第 6 章
## 机翼模态分析案例

⚡ **Step9** 选择动画命令，如图 6-40 所示。

图 6-40　选择动画命令

⚡ **Step10** 设置动画参数，如图 6-41 所示。

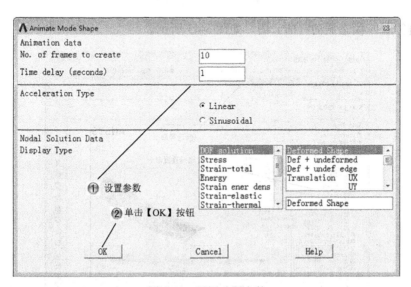

图 6-41　设置动画参数

**Step11** 二阶振型结果动画,如图 6-42 所示。

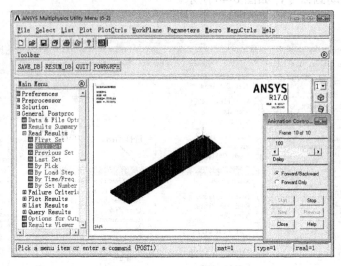

图 6-42　二阶振型结果动画

 提示:

只有经过扩展的模态,才可以在后处理中进行观察。

**Step12** 显示模态振动弯曲云图,如图 6-43 所示。

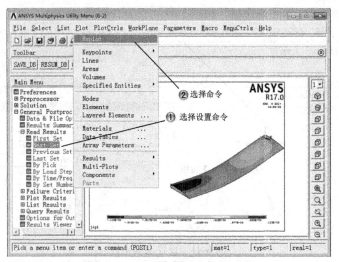

图 6-43　显示模态振动弯曲云图

# 第 6 章
## 机翼模态分析案例

**Step13** 选择等值图命令，如图 6-44 所示。

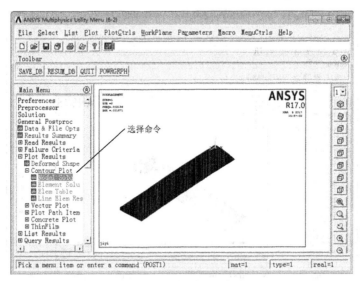

图 6-44　选择等值图命令

**Step14** 选择等值图参数，如图 6-45 所示。

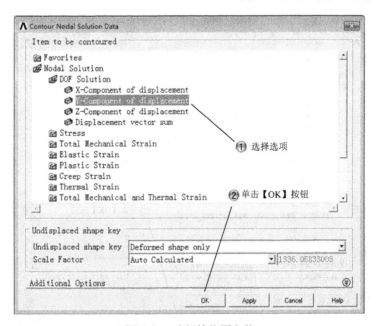

图 6-45　选择等值图参数

**Step15** 显示 Y 向等值图，如图 6-46 所示。

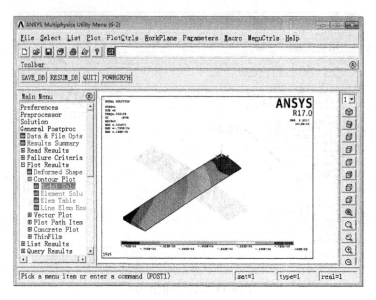

图 6-46　显示 Y 向等值图

**Step16** 选择等值图参数，如图 6-47 所示。

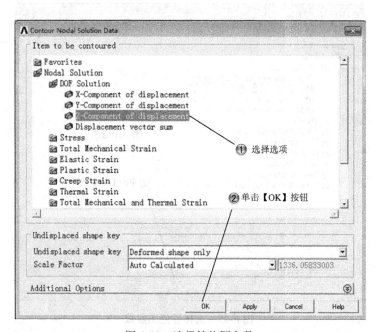

图 6-47　选择等值图参数

**Step17** 显示 Z 向等值图，如图 6-48 所示。

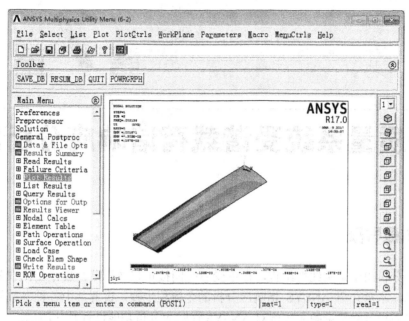

图 6-48  显示 Z 向等值图

## 6.4 案例小结

本章的练习主要学习拉伸模型的创建，以及机翼模型的模态分析，需要确定模型机翼的前 10 个自然频率，并且假设机翼在 Z=0 处固定，设置扩展模态，从而得到分析结果。

# 第 7 章

# 弹簧质量系统受谐载荷谐响应分析案例

## 本章导读

谐响应分析用于确定线性结构,在承受随时间按正弦(简谐)规律变化载荷时的稳态响应的技术。本章介绍 ANSYS 谐响应分析的全流程步骤,讲解其中各种参数的设置方法与功能,最后通过弹簧谐响应实例对 ANSYS 谐响应分析功能进行具体演示。

| | 学习目标 | | | | |
|---|---|---|---|---|---|
| | 知识点 | 了解 | 理解 | 应用 | 实践 |
| 学习要求 | 谐响应分析概论 | | √ | | |
| | 谐响应分析的基本步骤 | | √ | √ | |
| | 弹簧质量系统的谐响应分析 | | √ | √ | √ |
| | | | | | |
| | | | | | |
| | | | | | |

# 第7章 弹簧质量系统受谐载荷谐响应分析案例

## 7.1 案例分析

### 7.1.1 知识链接

**1. 谐响应分析概论**

谐响应分析是确定一个结构,在已知频率的正弦(简谐)载荷作用下结构响应的技术。其输入为已知大小和频率的谐波载荷(力、压力和强迫位移),或同一频率的多种载荷,可以是相同或不相同的。其输出为每一个自由度上的谐位移,通常和施加的载荷不同,或其他多种导出量,例如应力和应变等。

谐响应分析用于设计的多个方面,例如,旋转设备(如压缩机、发动机、泵、涡轮机械等)的支座、固定装置和部件;受涡流(流体的漩涡运动)影响的结构,例如涡轮叶片、飞机机翼、桥和塔等。

任何持续的周期载荷将在结构系统中产生持续的周期响应(谐响应)。谐响应分析使设计人员能预测结构的持续动力特性,从而使设计人员能够验证其设计能否成功地克服共振、疲劳及其他受迫振动所引起的有害效果。

谐响应分析的目的是计算出结构在几种频率下的响应,并得到一些响应值(通常是位移)对频率的曲线。从这些曲线上可以找到"峰值"响应,并进一步观察峰值频率对应的应力。

这种分析技术只计算结构的稳态受迫振动,发生在激励开始时的瞬态振动不在谐响应分析中考虑,如图7-1所示。

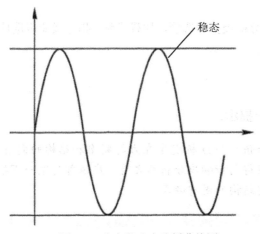

图7-1 稳态谐响应分析曲线图

谐响应分析是一种线性分析。任何非线性特性,如塑性和接触(间隙)单元,即使定义了也将被忽略。但在分析中可以包含非对称矩阵,如分析在流体和结构相互作用中的问题。谐响应分析同样也可以用以分析有预应力的结构，如小提琴的弦（假定简谐应力比预加的拉伸应力小得多）。

谐响应分析可以采用 3 种方法："Full"（完全法），"Reduced"（减缩法），"Mode Superposition"（模态叠加法）。当然，还有另外一种方法，就是将简谐载荷指定为有时间历程的载荷函数而进行瞬态动力学分析，这是一种相对开销较大的方法。

3 种方法的共同局限性如下。可以通过进行瞬态动力学分析来克服这些限制，这时应将简谐载荷表示为有时间历程的载荷函数。

（1）所有载荷必须随时间按正弦规律变化。
（2）所有载荷必须有相同的频率。
（3）不允许有非线性特性。
（4）不计算瞬态效应。

**2. 谐响应分析的基本步骤**

（1）建立模型

在这一步中需指定文件名和分析标题，然后用"PREP7"来定义单元类型、单元实常数、材料特性和几何模型。

在谐响应分析中，只有线性行为是有效的。如果有非线性单元，他们将按线性单元处理。例如，如果分析中包含接触单元，则它们的刚度取初始状态值，在计算过程中不再发生变化。

必须指定弹性模量"EX"（或某种形式的刚度）和密度"DENS"（或某种形式的质量）。材料特性可以是线性的，各向同性的或各向异性的，恒定的或和温度相关的。非线性材料特性将被忽略。

（2）加载和求解

在这一步中，要定义分析类型和选项，加载载荷，指定载荷步选项，并开始有限元求解。

提示：

峰值响应分析发生在力的频率和结构的固有频率相等时。在得到谐响应分析解之前，应该首先做一下模态分析，以确定结构的固有频率。

根据定义，谐响应分析假定所施加的所有载荷随时间按简谐（正弦）规律变化。指定一个完整的简谐载荷需要输入 3 条信息：Amplitude（幅值）、phase angle（相位角）和 forcing frequency range（强制频率范围），如图 7-2 所示。

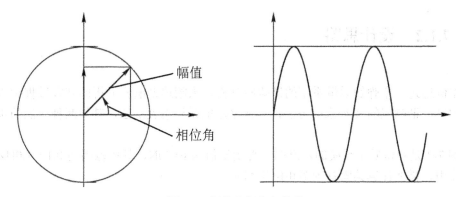

图 7-2　幅值和相位角关系

幅值是载荷的最大值；相位角是时间的度量，它表示载荷是滞后还是超前的参考值。只有当施加多组有不同相位的载荷时，才需要分别指定其相位角。

> 提示：
>
> 谐响应分析不能计算频率不同的多个强制载荷同时作用时产生的响应。这种情况的实例是两个具有不同转速的机器同时运转的情形。但在 POST1 中可以对两种载荷状况进行叠加，以得到总体响应。在分析过程中，可以施加、删除载荷或对载荷进行操作或列表。

**3. 后处理**

谐响应分析的结果被保存到结构分析结果文件"Jobname.RST"中。如果结构定义了阻尼，响应将与载荷异步。所有结果将是复数形式的，并以实部和虚部进行存储。

通常可以用 POST26 和 POST1 观察结果。一般的处理顺序是首先用 POST26 找到临界强制频率；模型中所关注的点产生最大位移（或应力）时的频率，然后用 POST1 在这些临界强制频率处处理整个模型。

> 提示：
>
> POST1 用于在指定频率点观察整个模型的结果。POST26 用于观察在整个频率范围内，模型中指定点处的结果。

**7.1.2 设计思路**

本案例通过一个弹簧质量系统的谐响应分析，来阐述谐响应分析的基本过程和步骤，前面介绍过，谐响应的 3 种求解方法，本例采用的是模态叠加法，其他两种方法的步骤基本一样。

如图 7-3 是弹簧质量系统的示意图，受到幅值为 F=50N、频率范围为 0.1～1.0Hz 的谐波载荷作用，需要计算其固有频率和位移响应。

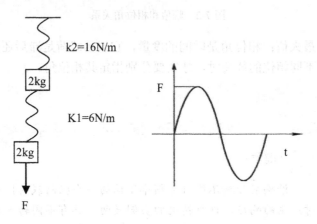

图 7-3　弹簧质量系统

## 7.2　案例设置

由于案例是分析固有频率和位移响应，所以模型可以使用点进行代替，加载属性即可，创建模型之后，需要先进行模态分析才能进行下一步的谐响应分析。

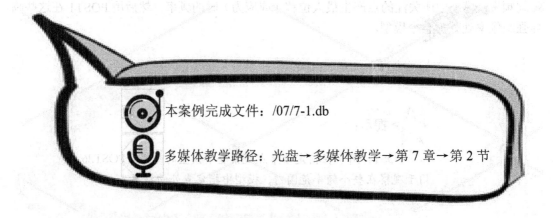

## 7.2.1 创建模型

**Step1** 新增单元类型，如图 7-4 所示。

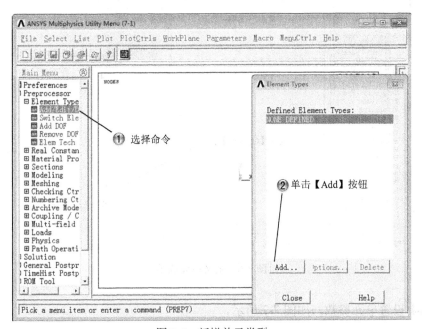

图 7-4 新增单元类型

**Step2** 选择单元类型，如图 7-5 所示。

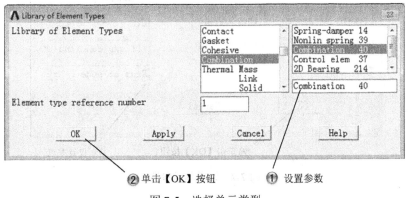

图 7-5 选择单元类型

**Step3** 定义单元选项，如图 7-6 所示。

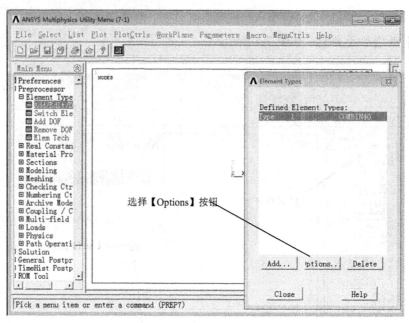

图 7-6 定义单元选项

**Step4** 设置单元参数，如图 7-7 所示。

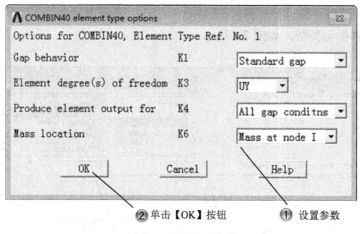

图 7-7 设置单元参数

# 第 7 章
## 弹簧质量系统受谐载荷谐响应分析案例

**Step5** 添加实常数，如图 7-8 所示。

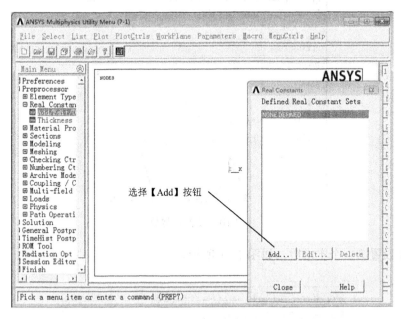

图 7-8　添加实常数

**Step6** 定义实常数，如图 7-9 所示。

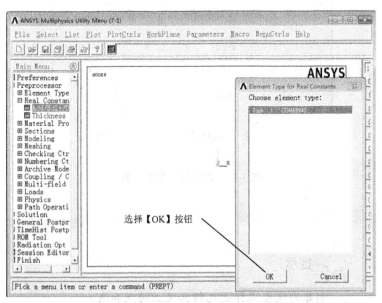

图 7-9　定义实常数

**Step7** 设置实常数，如图 7-10 所示。

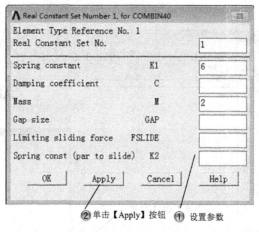

图 7-10　设置实常数

**Step8** 设置第二个实常数，如图 7-11 所示。

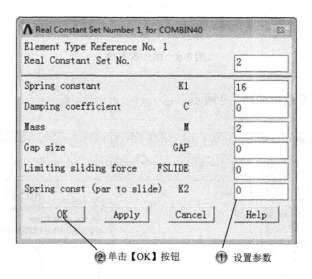

图 7-11　设置第二个实常数

> 提示：
> 创建的模型同样是几何意义上的点和线。

# 第 7 章
## 弹簧质量系统受谐载荷谐响应分析案例

**Step9** 创建第一个节点，如图 7-12 所示。

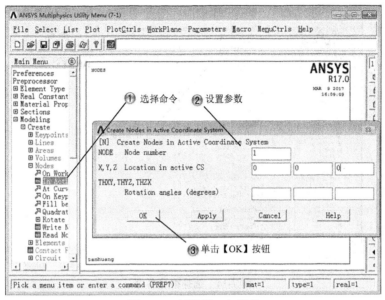

图 7-12　创建第一个节点

**Step10** 创建第二个节点，如图 7-13 所示。

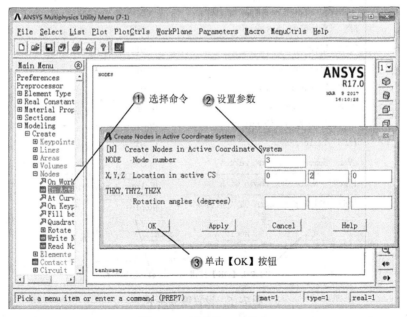

图 7-13　创建第二个节点

**Step11** 选择编号命令，如图 7-14 所示。

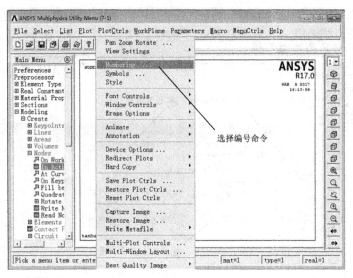

图 7-14　选择编号命令

**Step12** 设置编号显示，如图 7-15 所示。

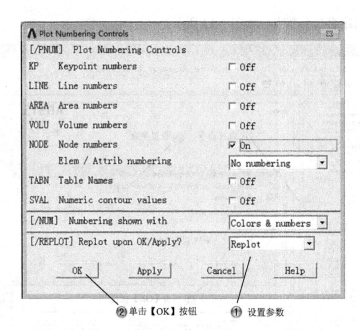

图 7-15　设置编号显示

# 第 7 章
## 弹簧质量系统受谐载荷谐响应分析案例

**Step13** 新增节点，如图 7-16 所示。

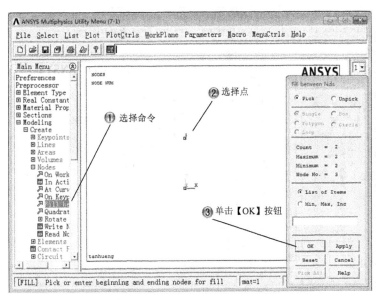

图 7-16 新增节点

**Step14** 设置节点参数，如图 7-17 所示。

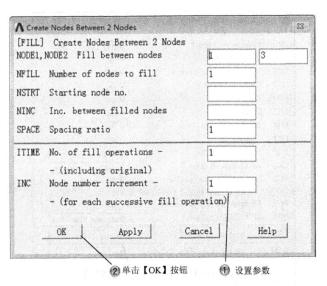

图 7-17 设置节点参数

**Step15** 选择对话框设置命令，如图 7-18 所示。

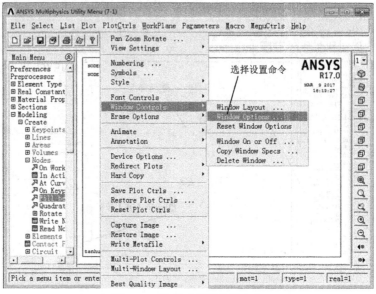

图 7-18　选择对话框设置命令

**Step16** 设置对话框参数，如图 7-19 所示。

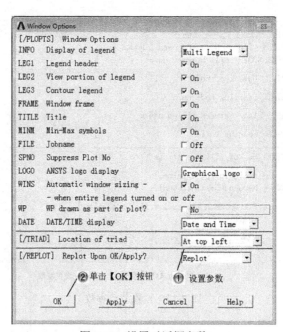

图 7-19　设置对话框参数

# 第 7 章
## 弹簧质量系统受谐载荷谐响应分析案例

⚡ **Step17** 定义梁单元，如图 7-20 所示。

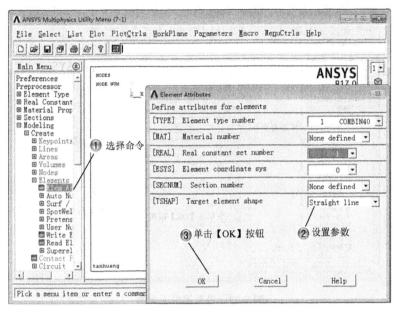

图 7-20　定义梁单元

⚡ **Step18** 创建梁单元，如图 7-21 所示。

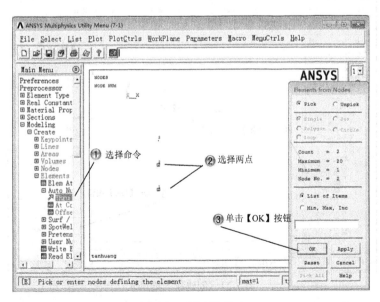

图 7-21　创建梁单元

**Step19** 设置梁单元参数，如图 7-22 所示。

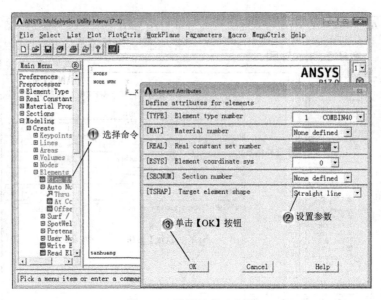

图 7-22　设置梁单元参数

**Step20** 建新的梁单元，如图 7-23 所示。

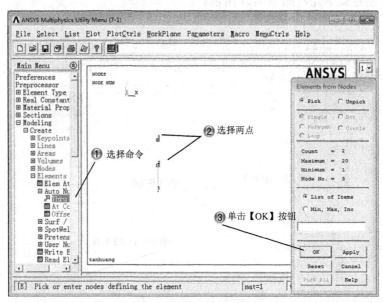

图 7-23　创建新的梁单元

# 第 7 章
## 弹簧质量系统受谐载荷谐响应分析案例

### 7.2.2 模态分析

**Step1** 定义求解类型，如图 7-24 所示。

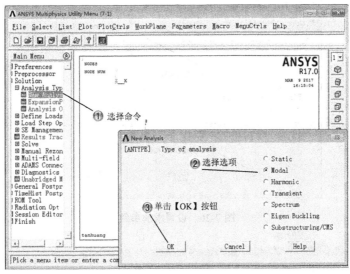

图 7-24 定义求解类型

**Step2** 设置求解选项，如图 7-25 所示。

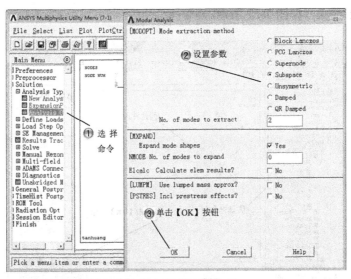

图 7-25 设置求解选项

**Step3** 设置求解参数，如图 7-26 所示。

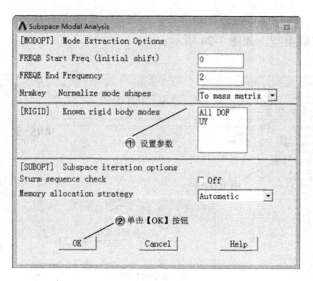

图 7-26　设置求解参数

提示：

创建模态分析是进行谐响应分析必要的步骤。

**Step4** 添加约束，如图 7-27 所示。

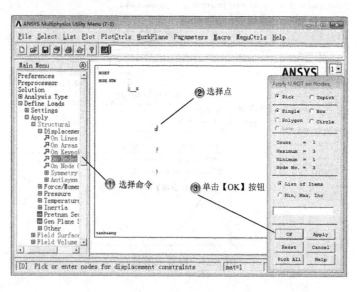

图 7-27　添加约束

**Step5** 设置约束，如图 7-28 所示。

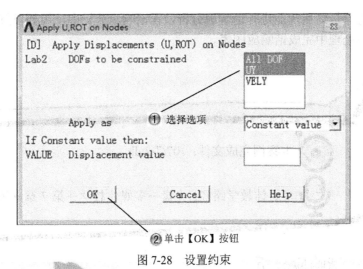

图 7-28 设置约束

> 提示：
> 在分析过程中，可以施加、删除载荷或对载荷进行操作或列表。

**Step6** 求解计算，如图 7-29 所示。

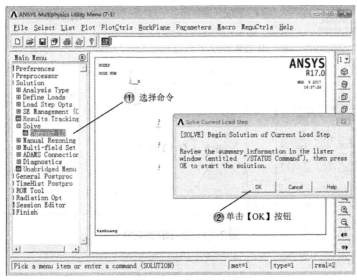

图 7-29 求解计算

## 7.3 分析结果

只有在模态分析之后才能进行谐响应分析，在谐响应分析中，需要设置频率，分析完成之后需要在后处理中完成谐响应图表。

本案例完成文件：/07/7-2.db

多媒体教学路径：光盘→多媒体教学→第 7 章→第 3 节

### 7.3.1 谐响应分析

**Step1** 定义求解类型，如图 7-30 所示。

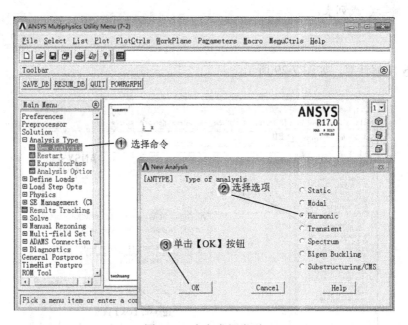

图 7-30 定义求解类型

# 第 7 章 弹簧质量系统受谐载荷谐响应分析案例

**Step2** 设置求解选项，如图 7-31 所示。

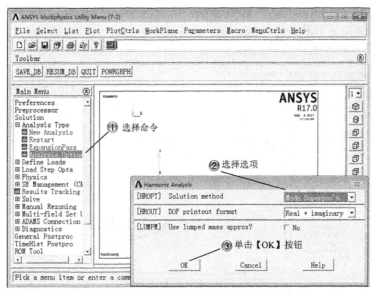

图 7-31　设置求解选项

**Step3** 设置求解参数，如图 7-32 所示。

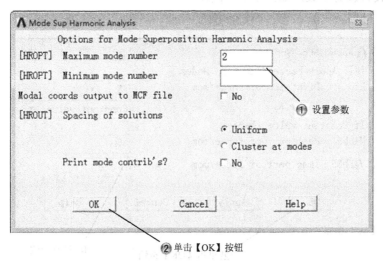

图 7-32　设置求解参数

· 233 ·

**Step4** 添加集中载荷，如图 7-33 所示。

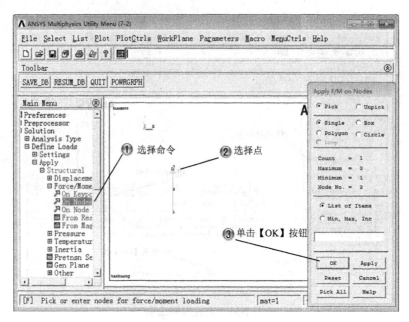

图 7-33　添加集中载荷

**Step5** 设置载荷参数，如图 7-34 所示。

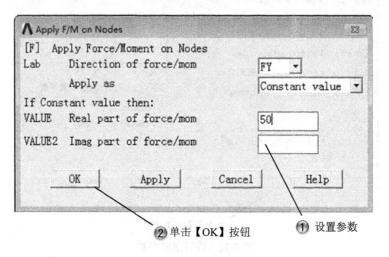

图 7-34　设置载荷参数

**Step6** 设置载荷频率，如图 7-35 所示。

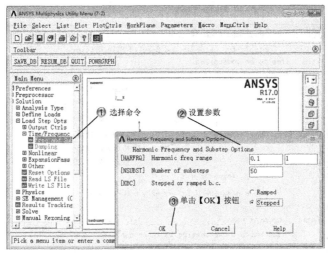

图 7-35 设置载荷频率

> 提示：
> 在直接积分谐响应分析中如果没有指定阻尼，程序将默认采用零阻尼。

**Step7** 选择输出命令，如图 7-36 所示。

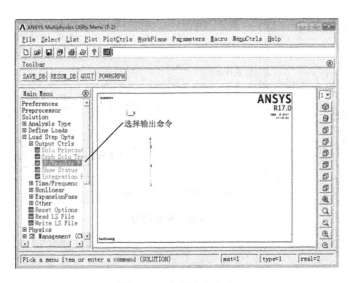

图 7-36 选择输出命令

**Step8** 设置输出参数，如图 7-37 所示。

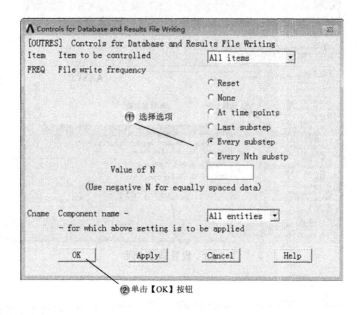

图 7-37　设置输出参数

**Step9** 求解计算，如图 7-38 所示。

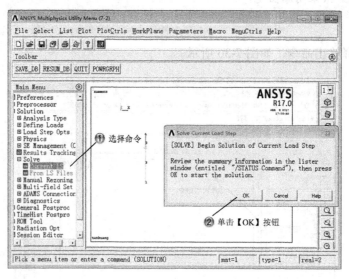

图 7-38　求解计算

## 7.3.2 后处理

**Step1** 进入时间历程后处理,如图 7-39 所示。

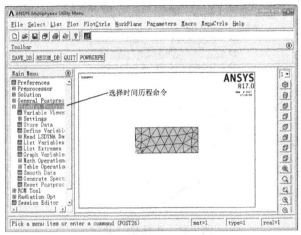

图 7-39 进入时间历程后处理

> 提示:
> 谐响应后处理的目的是得到分析图表或者数据,以用于生产制造。

**Step2** 定义位移变量 UY1,如图 7-40 所示。

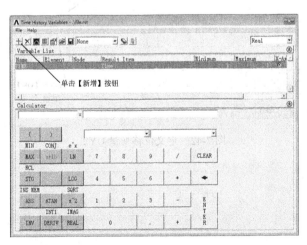

图 7-40 定义位移变量 UY1

**Step3** 选择 UY1 选项，如图 7-41 所示。

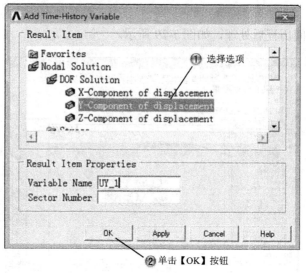

图 7-41 选择 UY1 选项

**Step4** 定义位移变量 UY2，如图 7-42 所示。

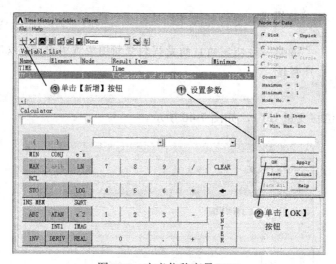

图 7-42 定义位移变量 UY2

# 第 7 章
## 弹簧质量系统受谐载荷谐响应分析案例

**Step5** 选择 UY2 选项，如图 7-43 所示。

图 7-43　选择 UY2 选项

**Step6** 完成位移变量，如图 7-44 所示。

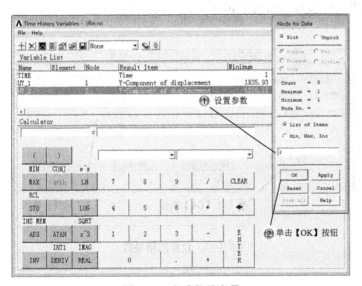

图 7-44　完成位移变量

**Step7** 选择修改网格命令，如图 7-45 所示。

图 7-45　选择修改网格命令

**Step8** 设置网格参数，如图 7-46 所示。

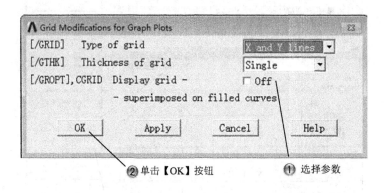

图 7-46　设置网格参数

# 第 7 章
## 弹簧质量系统受谐载荷谐响应分析案例

**Step9** 选择修改轴线命令，如图 7-47 所示。

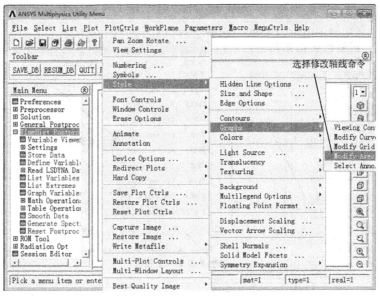

图 7-47 选择修改轴线命令

**Step10** 设置轴线参数，如图 7-48 所示。

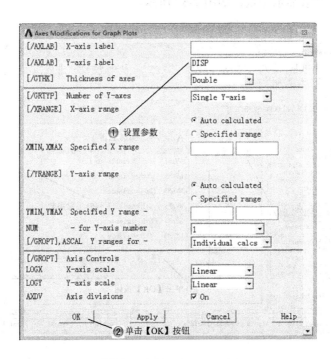

图 7-48 设置轴线参数

**Step11** 设置绘制变量参数，如图7-49所示。

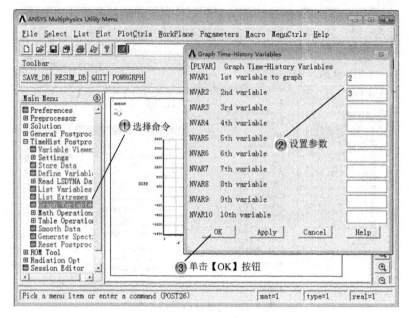

图7-49　设置绘制变量参数

**Step12** 设置列表显示变量，如图7-50所示。

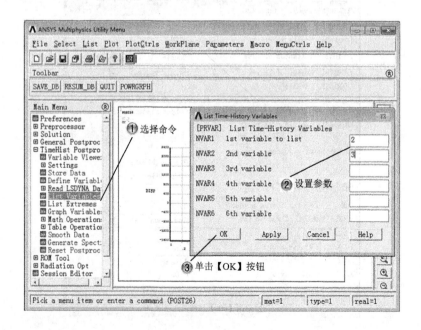

图7-50　设置列表显示变量

**Step13** 完成谐响应图表，如图 7-51 所示。

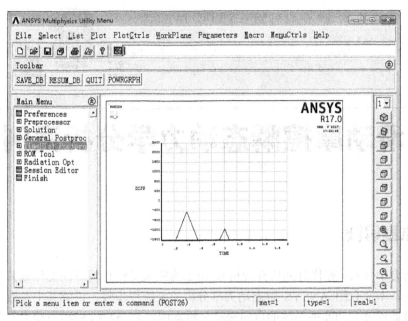

图 7-51 完成谐响应图表

## 7.4 案例小结

本章讲解了谐响应分析的理论和过程，通过本章的学习，可以完整深入地掌握 ANSYS 谐响应分析的各种功能和应用方法。

# 第 8 章

# 滑动摩擦瞬态动力学分析案例

 **本章导读**

瞬态动力学分析（亦称时间历程分析），用于确定承受任意随时间变化载荷结构的动力学响应方法。本章介绍 ANSYS 瞬态动力学分析的全流程步骤，讲解其中参数的设置方法与功能，最后通过滑动摩擦系统的自由振动分析案例，对 ANSYS 瞬态动力学分析功能进行具体演示。

| | 学习目标<br>知识点 | 了解 | 理解 | 应用 | 实践 |
|---|---|---|---|---|---|
| 学习要求 | 瞬态动力学概论 | | √ | | |
| | 瞬态动力学的基本步骤 | | √ | √ | |
| | 滑动摩擦瞬态动力学分析 | | √ | √ | √ |
| | | | | | |
| | | | | | |

# 8.1 案例分析

 **8.1.1 知识链接**

**1. 瞬态动力学概论**

可以用瞬态动力学分析确定结构在静载荷、瞬态载荷和简谐载荷的随意组合作用下随时间变化的位移、应变、应力及力。载荷和时间的相关性使得惯性力和阻尼作用比较显著。如果惯性力和阻尼作用不重要，就可以用静力学分析代替瞬态分析。

瞬态动力学分析比静力学分析更复杂，因为按"工程"时间计算，瞬态动力学分析通常要占用更多的计算机资源和人力。可以先做一些预备工作以理解问题的物理意义，从而节省大量资源。例如，先分析一个比较简单的模型。由梁、质量体、弹簧组成的模型可以以最小的代价，对问题提供有效深入地理解，简单模型或许正是确定结构所有的动力学响应所需要的。

如果分析中包含非线性，可以首先通过进行静力学分析，尝试了解非线性特性如何影响结构的响应。有时在动力学分析中，没必要包括非线性。对于非线性问题，应考虑将模型的线性部分子结构化，以降低分析代价。

如果要了解问题的动力学特性，通过做模态分析，计算一下结构的固有频率和振型，便可了解当这些模态被激活时结构如何响应。固有频率同样对计算出正确的积分时间步长有用。

进行瞬态动力学分析可以采用 3 种方法：Full（完全法），Reduced（减缩法），Mode Superposition（模态叠加法）。

完全法采用完整的系统矩阵计算瞬态响应（没有矩阵减缩）。它是 3 种方法中功能最强的，允许包含各类非线性特性（塑性、大变形、大应变等）。它的主要缺点是比其他方法开销大，其优点如下。

（1）容易使用，因为不必关心如何选取主自由度和振型。
（2）允许包含各类非线性特性。
（3）使用完整矩阵，因此不涉及质量矩阵的近似。
（4）在一次处理过程中，计算出所有的位移和应力。
（5）允许施加各种类型的载荷：节点力、外加的（非零）约束、单元载荷（压力和温度）。
（6）允许采用实体模型上所加的载荷。

模态叠加法通过对模态分析得到的振型（特征值）乘以因子并求和，来计算出结构的响应，它的优点如下。

> （1）对于许多问题，比完全法和减缩法更快且开销小。
> （2）在模态分析中，施加的载荷可以通过"LVSCALE"命令用于谐响应分析中。
> （3）允许指定振型阻尼（阻尼系数为频率的函数）。

模态叠加法的缺点如下。

> （1）整个瞬态分析过程中时间步长必须保持恒定，因此不允许用自动时间步长。
> （2）唯一允许的非线性是点点接触（有间隙情形）。
> （3）不能用于分析"未固定的（floating）"或不连续结构。
> （4）不接受外加的非零位移。
> （5）在模态分析中使用"PowerDynamics"法时，初始条件中不能有预加的载荷或位移。

减缩法通常采用主自由度和减缩矩阵来压缩问题的规模。主自由度处的位移被计算出来后，解可以被扩展到初始的完整 DOF 集上。这种方法的优点是比完全法更快且开销小。减缩法的缺点如下。

> （1）初始解只计算出主自由度的位移。要得到完整的位移，应力和力的解则需要执行扩展处理（扩展处理在某些分析应力中可能不必要）。
> （2）不能施加单元载荷（压力，温度等），但允许加速度。
> （3）所有载荷必须施加在用户定义的自由度上（这就限制了采用实体模型上所加的载荷）。
> （4）整个瞬态分析过程中时间步长必须保持恒定，因此不允许用自动时间步长。
> （5）唯一允许的非线性是点点接触（有间隙情形）。

## 2. 瞬态动力学的基本步骤

**（1）前处理**

在这一步中需指定文件名和分析标题，然后用 PREP7 来定义单元类型、单元实常数、材料特性及几何模型。需要注意，可以使用线性和非线性单元，必须指定弹性模量 EX（或某种形式的刚度）和密度 DENS（或某种形式的质量）。材料特性可以是非线性的、各向同性或各向异性的、恒定的或和温度相关的，非线性材料特性将被忽略。

在划分网格时需要记住以下几点。

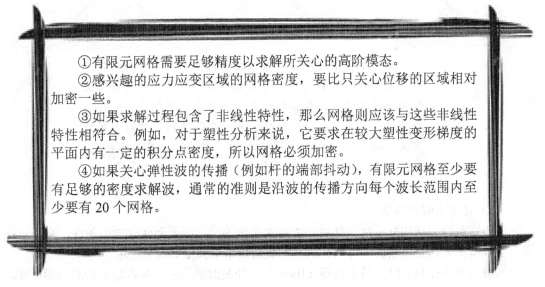

① 有限元网格需要足够精度以求解所关心的高阶模态。
② 感兴趣的应力应变区域的网格密度，要比只关心位移的区域相对加密一些。
③ 如果求解过程包含了非线性特性，那么网格则应该与这些非线性特性相符合。例如，对于塑性分析来说，它要求在较大塑性变形梯度的平面内有一定的积分点密度，所以网格必须加密。
④ 如果关心弹性波的传播（例如杆的端部抖动），有限元网格至少要有足够的密度求解波，通常的准则是沿波的传播方向每个波长范围内至少要有 20 个网格。

**（2）建立初始条件**

在进行瞬态动力学分析之前，必须清楚如何建立初始条件以及使用载荷步。从定义上来说，瞬态动力学包含按时间变化的载荷。为了指定这种载荷，需要将载荷和时间曲线分解成相应的载荷步，载荷和时间曲线上的每一个拐角都可以作为一个载荷步，如图 8-1 所示。

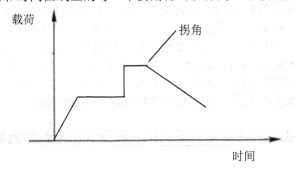

图 8-1 载荷和时间曲线

第一个载荷步通常用来建立初始条件，然后要指定后继的瞬态载荷及加载步选项。对与每一个载荷步，都要指定载荷值和时间值，同时要指定其他的载荷步选项，如载荷是按"Stepped"还是按"Ramped"方式施加，是否使用自动时间步长等。最后将每一个载荷步写入文件，并一次性求解所有的载荷步。

施加瞬态载荷的第一步是建立初始关系（即零时刻时的情况）。瞬态动力学分析要求给定两种初始条件：初始位移和初始速度。如果没有进行特意设置，两者都被假定为 0。初始加速度一般被假定为 0，但可以通过在一个小的时间间隔内，施加合适的加速度载荷来指定非零的初始加速度。

提示：

不要给模型定义不一致的初始条件。比如，如果在一个自由度（DOF）处定义了初始速度，而在其他所有自由度处均定义为 0，这显然就是一种潜在的互相冲突的初始条件。多数情况下，可能需要在全部没有约束的自由度处定义初始条件，如果这些初始条件在各个自由度处不相同，用 GUI 路径定义比用 IC 命令定义要容易得多。

(3) 设定求解控制器

该步骤跟静力结构分析是一样的，需特别指出的是，如果要建立初始条件，必须是在第一个载荷步上建立，然后，可以在后续的载荷步中单独定义其余选项。

当进入求解控制器时，基本选项（Basic）立即被激活。它的基本功能跟静力学一样，在瞬态动力学中，需特别指出如下几点。

在设置"ANTYPE"和"NLGEOM"时，如果想开始一个新的分析，并且忽略几何非线性（例如大转动、大挠度和大应变）的影响，那么选择"Small Displacement Transient"选项，如果要考虑几何非线性的影响（通常是压弯细长梁考虑大挠度或者是金属成型时考虑大应变），则选择"Large Displacement Transient"选项。如果想重新开始一个失败的非线性分析，或者是将刚做完的静力分析结果作为预应力，或者刚做完瞬态动力学分析想要扩展其结果，选择"Restart Current Analysis"选项。

在设置 AUTOTS 时，需记住该载荷步选项（通常称为瞬态动力学最优化时间步）是根据结构的响应来确定是否开启。对于大多数结构而言，推荐打开自动调整时间步长选项，并利用 DELTIM 和 NSUBST 设定时间积分步的最大和最小值。

(4) 设定其他求解选项

在瞬态动力学中的其他求解选项（比如应力刚化效应、牛顿-拉夫森选项、蠕变选项、输出控制选项、结果外推选项)跟静力学是一样的,与静力学不同的是预应力影响(Prestress Effects)、阻尼选项(Damping Option)、质量阵的形式(Mass Matrix Formulation)。

(5)施加载荷

适用于瞬态动力学分析的载荷类型有:位移约束、集中力或者力矩、压力、温度和流体、重力和向心力等。除惯性载荷外,可以在实体模型(由关键点、线、面组成)或有限元模型(由节点和单元组成)上施加载荷。

(6)设定多载荷步

重复以上步骤,可定义多载荷步,对于每一个载荷步,都可以根据需要重新设定载荷求解控制和选项,并且可以将所有信息写入文件。

(7)求解和后处理

瞬态动力学分析的结果被保存到结构分析结果文件"Jobname.RST"中,可以用POST26和POST1观察结果。

> 提示:
> POST26用于观察模型中指定点处呈现为时间函数的结果,POST1用于观察在给定时间整个模型的结果。

## 8.1.2 设计思路

如图8-2所示,在弹簧-质量块系统中,质量块被移动一定位置,然后释放,质量块和地面存在一个滑动摩擦力,求系统的位移时间关系。

在本案例中,这个弹簧-质量块系统受到动力载荷的作用,这里用完全法(full method)来执行动力响应分析,确定一个随时间变化载荷作用的瞬态响应。

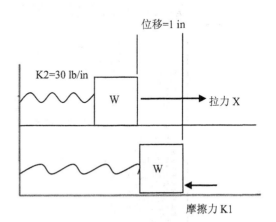

图8-2 弹簧-质量块系统模型

## 8.2 案例设置

创建模型的时候,创建两个点作为代表即可,在其上设置载荷约束等参数,在完成模型后先要建立初始条件。

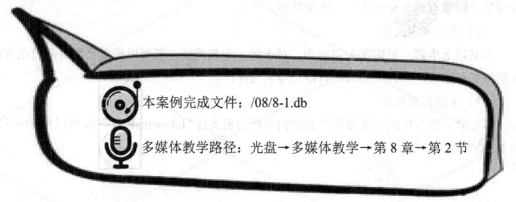

本案例完成文件:/08/8-1.db

多媒体教学路径:光盘→多媒体教学→第 8 章→第 2 节

### 8.2.1 创建模型

**Step1** 定义单元类型,如图 8-3 所示。

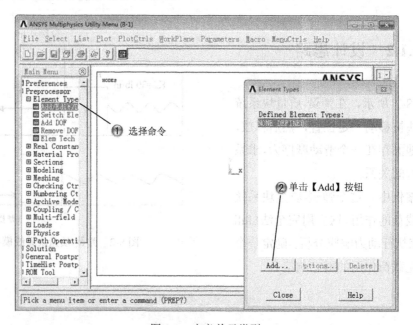

图 8-3 定义单元类型

**Step2** 设置单元参数，如图 8-4 所示。

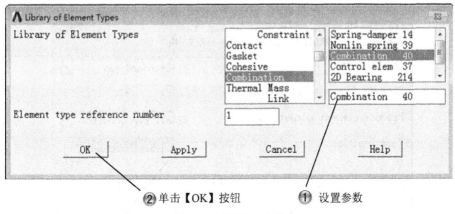

图 8-4 设置单元参数

**Step3** 选择【Options】按钮，如图 8-5 所示。

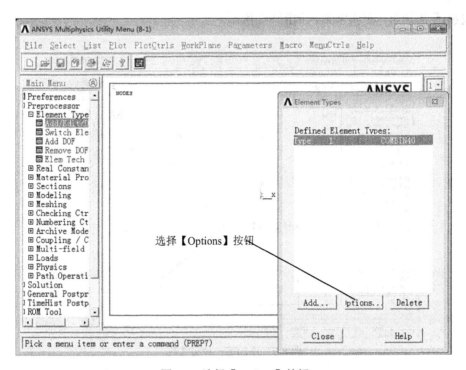

图 8-5 选择【Options】按钮

**Step4** 设置单元参数，如图8-6所示。

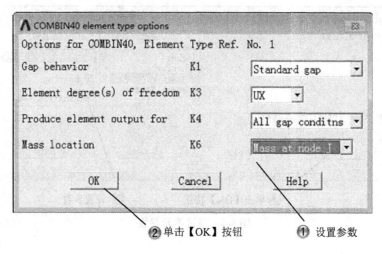

图8-6 设置单元参数

**Step5** 添加第一种实常数，如图8-7所示。

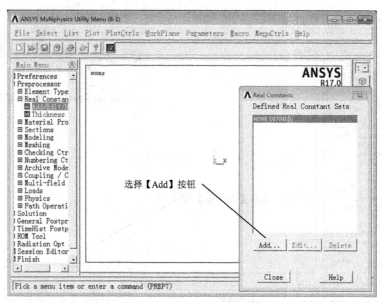

图8-7 添加第一种实常数

# 第 8 章 滑动摩擦瞬态动力学分析案例

**Step6** 定义第一种实常数，如图 8-8 所示。

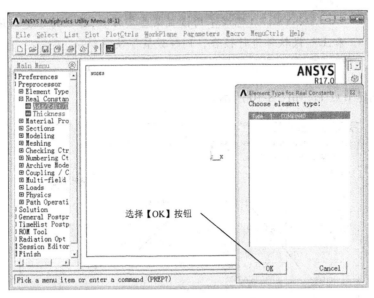

图 8-8　定义第一种实常数

**Step7** 设置实常数参数，如图 8-9 所示。

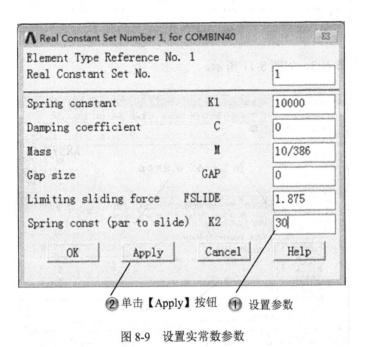

图 8-9　设置实常数参数

提示：

ANSYS 17.0 已经不用设置某些实常数，这里为了更好地和上一代软件进行接合，同样设置了实常数。

**Step8** 创建节点 1，如图 8-10 所示。

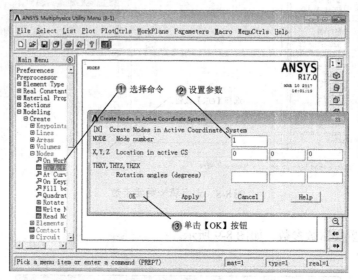

图 8-10　创建节点 1

**Step9** 创建节点 2，如图 8-11 所示。

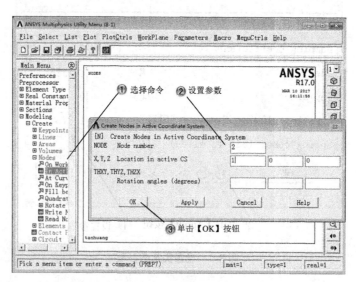

图 8-11　创建节点 2

# 第 8 章
## 滑动摩擦瞬态动力学分析案例

**Step10** 选择编号命令，如图 8-12 所示。

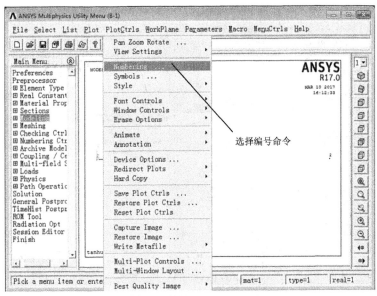

图 8-12　选择编号命令

**Step11** 设置编号显示，如图 8-13 所示。

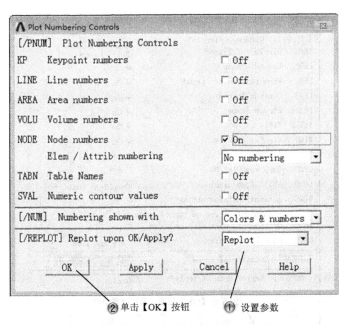

图 8-13　设置编号显示

**Step12** 选择对话框设置命令，如图 8-14 所示。

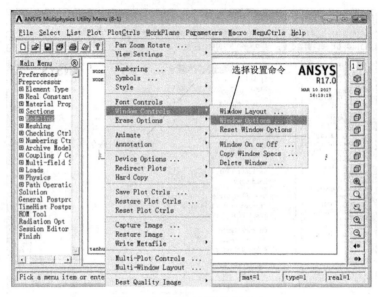

图 8-14　选择对话框设置命令

**Step13** 设置菜单路径，如图 8-15 所示。

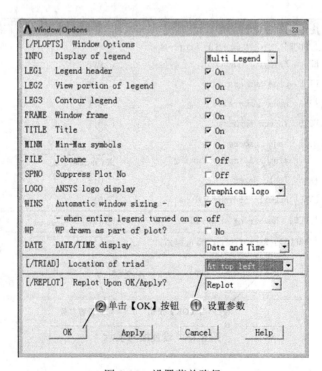

图 8-15　设置菜单路径

# 第 8 章
## 滑动摩擦瞬态动力学分析案例

**Step14** 定义梁单元属性，如图 8-16 所示。

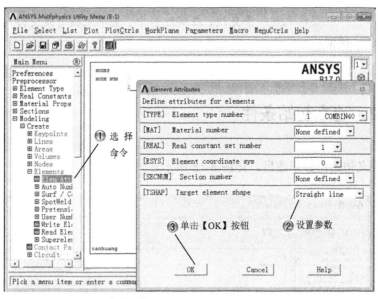

图 8-16 定义梁单元属性

**Step15** 创建梁单元，如图 8-17 所示。

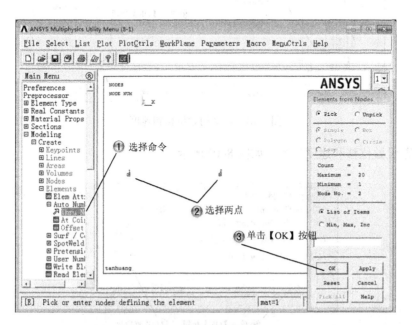

图 8-17 创建梁单元

## 提示：

梁单元是一条直线，在实际当中，梁单元指的是受力的模型。

### 8.2.2 建立初始条件

**Step1** 定义初始位移和速度，如图8-18所示。

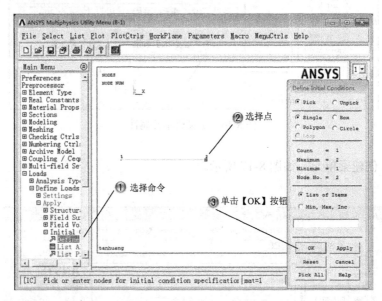

图 8-18 定义初始位移和速度

**Step2** 设置位移和速度参数，如图8-19所示。

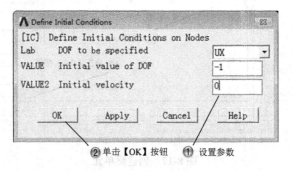

图 8-19 设置位移和速度参数

> **提示：**
> 此时摩擦物体是在运动当中的，受力是不均匀的，所以这里设置位移和速度参数。

**Step3** 定义求解类型，如图 8-20 所示。

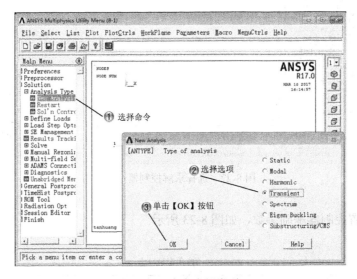

图 8-20　定义求解类型

**Step4** 设置求解选项，如图 8-21 所示。

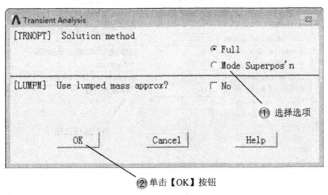

图 8-21　设置求解选项

**Step5** 选择求解控制器命令，如图 8-22 所示。

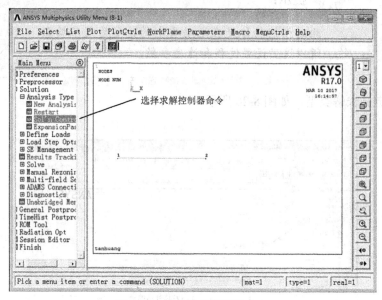

图 8-22　选择求解控制器命令

**Step6** 设置控制器基础参数，如图 8-23 所示。

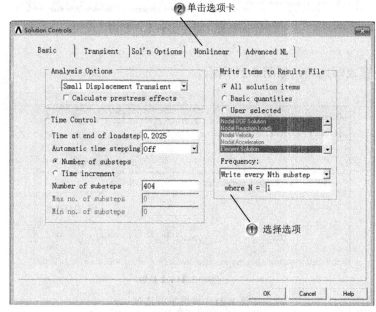

图 8-23　设置控制器基础参数

**Step7** 设置控制器其他参数，如图 8-24 所示。

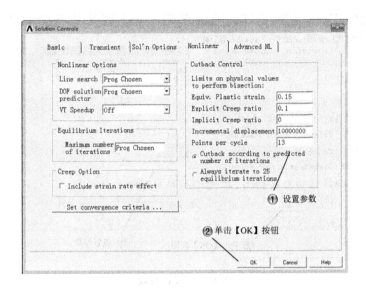

图 8-24　设置控制器其他参数

**Step8** 选择【Replace】按钮，如图 8-25 所示。

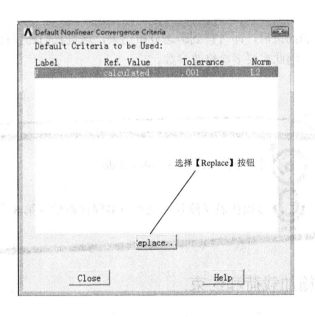

图 8-25　选择【Replace】按钮

**Step9** 设置参数，如图 8-26 所示。

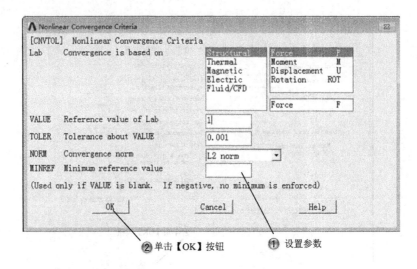

图 8-26  设置参数

## 8.3 分析结果

在添加完载荷和约束后，即可得到瞬态分析结果，这里我们还要计算应力时间表、位移时间和列表文件，因此需要多次修改参数。

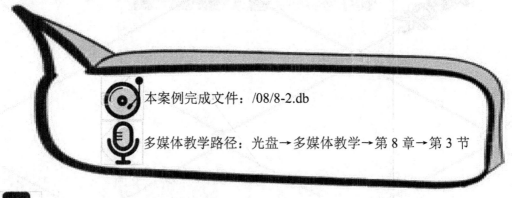

本案例完成文件：/08/8-2.db

多媒体教学路径：光盘→多媒体教学→第 8 章→第 3 节

### 8.3.1 施加载荷和约束

**Step1** 打开优化设置，如图 8-27 所示。

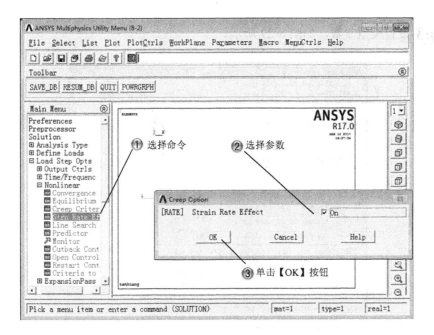

图 8-27　打开优化设置

**Step2** 选择时间和载荷命令，如图 8-28 所示。

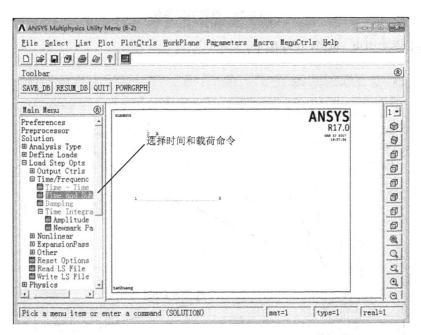

图 8-28　选择时间和载荷命令

**Step3** 设置类型参数，如图 8-29 所示。

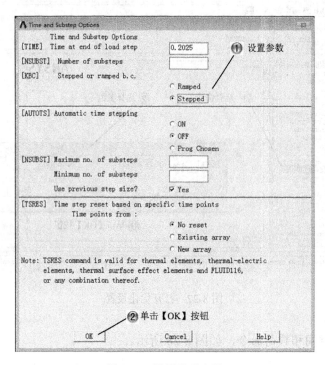

图 8-29 设置类型参数

**Step4** 添加约束，如图 8-30 所示。

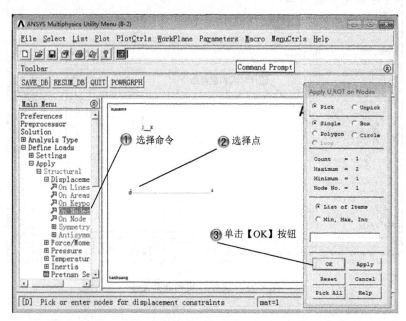

图 8-30 添加约束

**Step5** 选择约束方向，如图 8-31 所示。

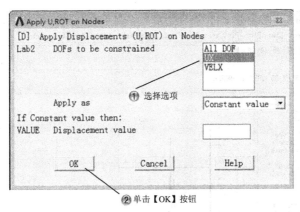

图 8-31 选择约束方向

 提示：

滑动摩擦的载荷按照示意图进行设置，同样也可以根据实际情况进行更改。

## 8.3.2 瞬态求解及后处理

**Step1** 求解计算，如图 8-32 所示。

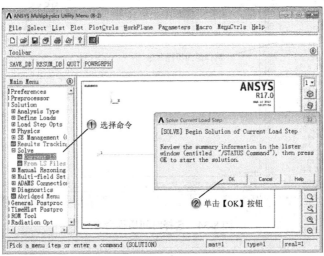

图 8-32 求解计算

**Step2** 瞬态分析结果，如图 8-33 所示。

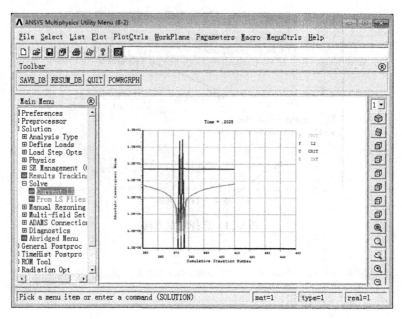

图 8-33　瞬态分析结果

**Step3** 选择时间历程命令，如图 8-34 所示。

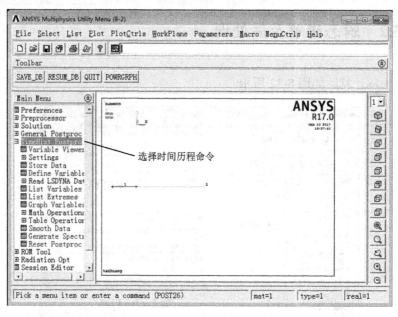

图 8-34　选择时间历程命令

**Step4** 新增时间历程,如图 8-35 所示。

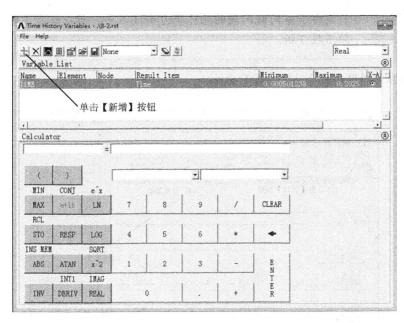

图 8-35　新增时间历程

**Step5** 选择位移变量,如图 8-36 所示。

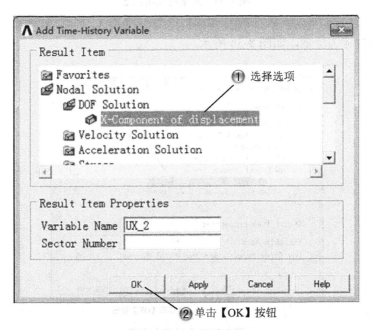

图 8-36　选择位移变量

> **提示：**
> 由于不同时间段的物体受力曲线不同，所以就有了时间历程分析。

**Step6** 新增时间历程 2，如图 8-37 所示。

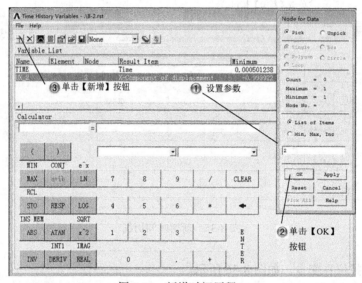

图 8-37　新增时间历程 2

**Step7** 选择应力变量，如图 8-38 所示。

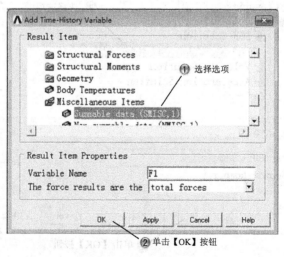

图 8-38　选择应力变量

# 第 8 章
## 滑动摩擦瞬态动力学分析案例

**Step8** 设置参数，如图 8-39 所示。

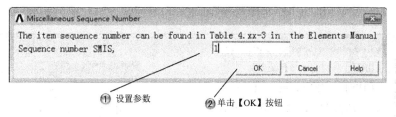

图 8-39　设置参数

**Step9** 设置时间历程参数，如图 8-40 所示。

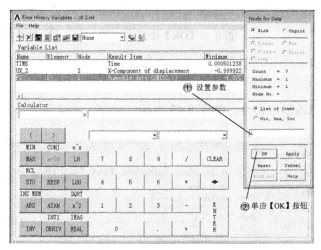

图 8-40　设置时间历程参数

**Step10** 选择修改网格命令，如图 8-41 所示。

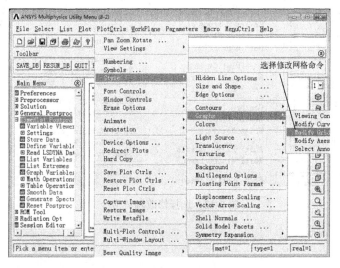

图 8-41　选择修改网格命令

**Step11** 设置网格参数，如图 8-42 所示。

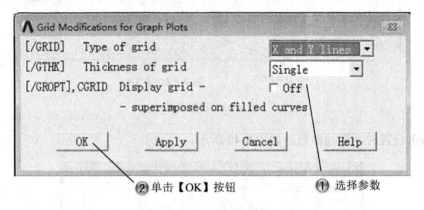

图 8-42　设置网格参数

**Step12** 选择修改轴线命令，如图 8-43 所示。

图 8-43　选择修改轴线命令

# 第 8 章
## 滑动摩擦瞬态动力学分析案例

**Step13** 设置轴线参数，如图 8-44 所示。

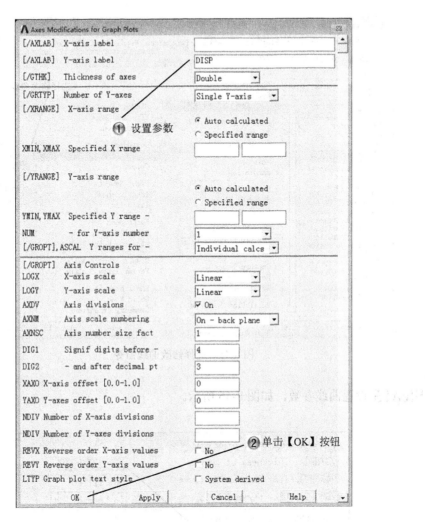

图 8-44　设置轴线参数

提示：

　　这里修改的是输出曲线图表的 XY 轴参数，便于更好的观察分析曲线。

**Step14** 选择修改曲线命令，如图 8-45 所示。

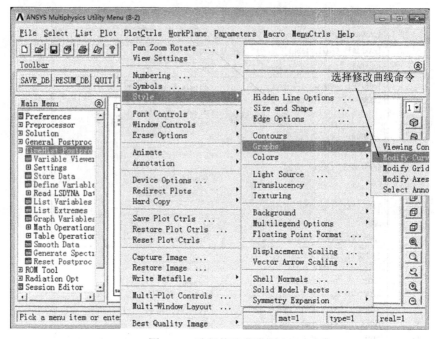

图 8-45　选择修改曲线命令

**Step15** 设置曲线参数，如图 8-46 所示。

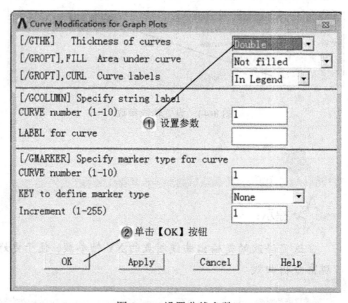

图 8-46　设置曲线参数

# 第 8 章
## 滑动摩擦瞬态动力学分析案例

**Step16** 设置列表显示变量，如图 8-47 所示。

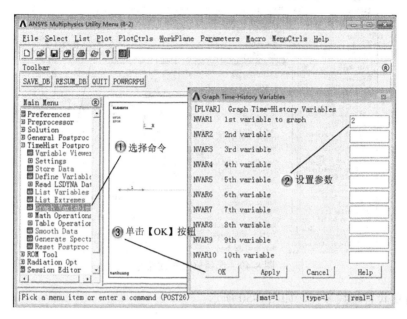

图 8-47　设置列表显示变量

**Step17** 位移时间图，如图 8-48 所示。

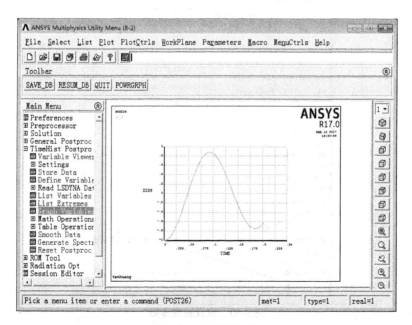

图 8-48　位移时间图

**Step18** 选择修改轴线命令,如图 8-49 所示。

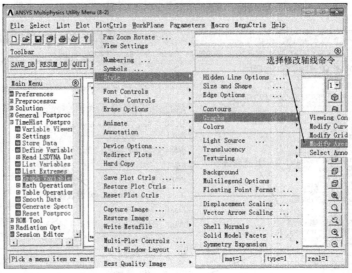

图 8-49　选择修改轴线命令

**Step19** 设置轴线参数,如图 8-50 所示。

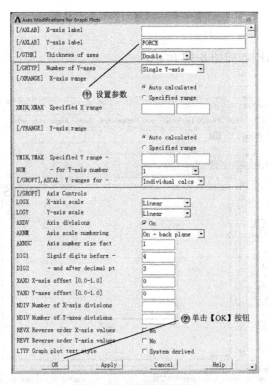

图 8-50　设置轴线参数

# 第 8 章
## 滑动摩擦瞬态动力学分析案例

⚡ **Step20** 设置列表显示变量，如图 8-51 所示。

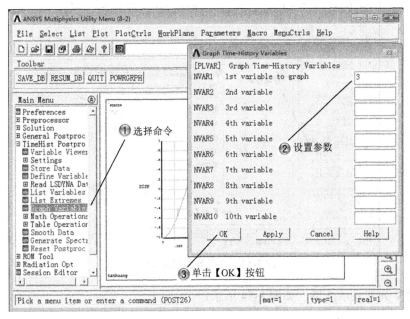

图 8-51　设置列表显示变量

⚡ **Step21** 完成应力时间曲线，如图 8-52 所示。

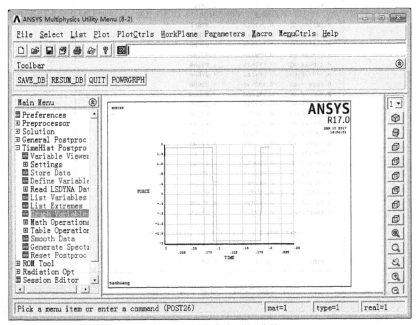

图 8-52　完成应力时间曲线

**Step22** 设置列表显示变量，如图8-53所示。

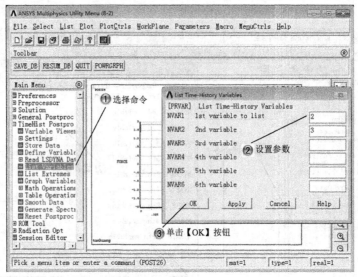

图8-53　设置列表显示变量

**Step23** 列表显示结果，如图8-54所示。

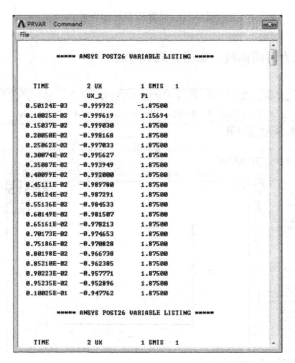

图8-54　列表显示结果

**提示：**
这类文本框的输出结果是数据输出，可以直接应用于生产当中。

## 8.4 案例小结

本章案例详细介绍了瞬态分析的整个过程，通过本章的学习，读者可以完整深入地掌握 ANSYS 瞬态动力学分析的各种功能和应用方法。

# 第 9 章

# 板梁结构响应谱分析案例

 **本章导读**

谱分析是模态分析的扩展,用于计算结构对地震及其他随机激励的响应。本章介绍 ANSYS 谱分析的全流程,讲解其中参数的设置方法与功能,最后通过一个板梁的动力效果分析案例,对 ANSYS 谱分析功能进行具体示范。

| 学习要求 | 学习目标 知识点 | 了解 | 理解 | 应用 | 实践 |
|---|---|---|---|---|---|
| | 谱分析概论 | | √ | √ | |
| | 谱分析的基本步骤 | | √ | √ | √ |
| | 板梁的响应谱分析 | | √ | √ | √ |
| | | | | | |
| | | | | | |

# 9.1 案例分析

 **9.1.1 知识链接**

**1. 谱分析概论**

谱是指频率与谱值的曲线，它表征时间历程载荷的频率和强度特征。谱分析包括：响应谱（单点响应谱"SPRS"和多点响应谱"MPRS"），动力设计分析方法"DDAM"，功率谱密度"PSD"。

响应谱表示单自由度系统对时间历程载荷的响应，它是响应与频率的曲线，这里的响应可以是位移、速度、加速度或者力。响应谱包括两种：单点响应谱（SPRS）只可以给节点指定一种谱曲线（或者族谱曲线），多点响应谱分析（MPRS）可在不同节点处指定不同的谱曲线。

动力设计分析方法（DDAM）是一种用于分析船装备抗振性的技术，它本质上来说也是一种响应谱分析，该方法中用到的谱曲线是根据一系列经验公式和美国海军研究实验报告（NRL-1396）所提供的抗振设计表格得到的。

功率谱密度（PSD）是针对随机变量在均方意义上的统计方法，用于随机振动分析，此时，响应的瞬态数值只能用概率函数来表示，其数值的概率对应一个精确值。功率密度函数表示功率谱密度值与频率的曲线，这里的功率谱可以是位移功率谱、速度功率谱、加速度功率谱或者力功率谱。从数学意义上来说，功率谱密度与频率所围成的面积就等于方差。跟响应谱分析类似，随机振动分析也可以是单点或者多点。对于单点随机振动分析，在模型的一组节点处指定一种功率谱密度；对于多点随机振动分析，可以在模型不同节点处指定不同的功率谱密度。

**2. 谱分析的基本步骤**

（1）前处理

前处理步骤跟普通结构静力分析一样，不过需注意以下两点。

①在谱分析中只有线性行为有效。如果有非线性单元存在，将作为线性来考虑。例如，如果分析中包括接触单元，它们的刚度将依据原始状态来计算，并且之后就不再改变。

②必须指定弹性模量（EX）（或者是某种形式的刚度）和密度（DENS）（或某种形式的质量）。材料属性可以是线性的，各向同性或者各向异性的，与温度无关或者有关。如果定义了非线性材料属性，其非线性将被忽略。

### （2）模态分析

谱分析之前需进行模态分析（包括自振频率和固有模态），其具体步骤可参考模态分析章节，不过需注意以下几点。

①提取模态可以用兰索斯方法（Block Lanczos）、自空间法或者减缩方法，其他的方法诸如非对称法、阻尼法、QR 阻尼法和 PowerDynamics 法不能用于后来的谱分析。

②提取的模态阶数，必须足够描述所关心频率范围内的结构响应特性。

③如果想用一个单独的步骤来扩展模态，那么使用 GUI 分析时在弹出的对话框中要选择不扩展模态【MODOPT】。否则，在模态分析时就选择扩展模态。

④如果谱分析中包括与材料相关的阻尼，必须在模态分析时指定。

⑤确定准备施加激励谱的自由度。

⑥在求解结束后，需确定的离开求解器。

### （3）谱分析

从模态分析得到的模态文件和全部文件（jobname.MODE, jobname.FULL）必须存在且有效，数据库中必须包含相同的结构模型。

响应谱的类型（Type of response spectr）可以是位移、速度、加速度、力或者功率谱。除力之外，其余都可以表示地震谱，也就是说，它们都假定作用于基础上（即约束处）。力谱潜作用于没有约束的节点，可以利用命令 F 或者 FK 来施加，其方向分别用 FX、FY、FZ 表示。

### （4）求解计算

求解输出结果中包括参与因子表，该表作为打印输出的一部分，列出了参与因子、模态系数（基于最小阻尼比）以及每阶模态的质量分布。用振型乘以模态系数就可以得到每阶模态的最大响应（模态响应）。利用"*GET"命令可以重新得到模态系数，在"SET"命令里可以将它作为一个比例因子。

### （5）扩展模态和合并模态

不论模态分析时采用何种模态提取方法（兰索斯方法、子空间方法或者减缩方法），都需要扩展模态。模态扩展的方法和步骤前面介绍过，这里要注意以下两点。

①只有有意义的模态才能被有选择的扩展。如果用命令方法，可以参考"MSPAND"命令的"SIGNIF"选项；如果用 GUI 路径，在模态分析步骤时，在【Expansion Pass】对话框选择"No"选项，然后就可以在谱分析结束后用一个单独的步骤来扩展模态。

②只有扩展后的模态才能进行合并模态操作。另外，如果想要扩展所有模态，可以在模态分析步骤时就选择扩展模态。但如果想只是有选择的扩展模态（只扩展对求解有意义的模态），则必须在谱分析结束后，用单独的模态扩展步骤来完成。

提示：

只有扩展后的模态才会写入结果文件"Jobname.RST"中。

(6) 后处理

单点响应谱分析的结果文件以 POST1 命令形式写入模态合并文件"Jobname.MCOM"。这些命令以某种指定的方式合并最大模态响应，然后计算出结构的整体响应。整体响应包括位移（或者速度或者加速度），另外，如果在模态扩展阶段做了相应设定，则还包括整体应力（或者应力速度或者应力加速度），应变（或者应变速度或者应变加速度），以及反作用力（或者反作用力速度或者反作用力加速度）。可以通过 POST1（通用后处理器）来观察这些结果。

 9.1.2 设计思路

如图 9-1 所示是一块板梁模型及其载荷图，边长为 10，厚度为 1，材料 $E=2\times 10^{11}\text{N/m}^2$，泊松比为 0.3，密度为 $8000\text{kg/m}^3$，Damping 为 2%，受到一个随机均布压力 $\text{PSD}=(10^6\text{N/m}^2)^2\text{Hz}$ 的作用，压力的功率谱密度为 PSD，需要求解无阻尼固有频率处的位移峰值。

通过对这个板梁结构的随机载荷分析学习响应谱分析，这里采用的是直接生成有限元模型方法，该方法最大的优点在于可以完全控制节点的编号和排序，通过对本例的学习更深一步体会直接方法的优越性。

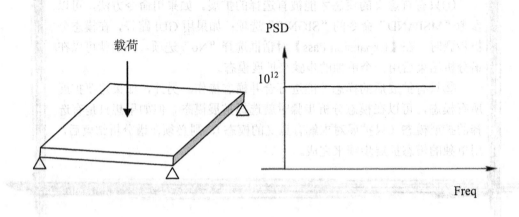

图 9-1　板梁结构模型和载荷图

## 9.2　案例设置

本案例模型是个示意图，所以在创建模型时以节点代替，在节点上创建面，并添加压力，完成模型后，进行模态分析。

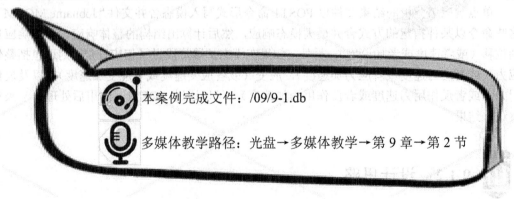

本案例完成文件：/09/9-1.db

多媒体教学路径：光盘→多媒体教学→第 9 章→第 2 节

## 9.2.1 创建模型

**Step1** 添加单元类型,如图 9-2 所示。

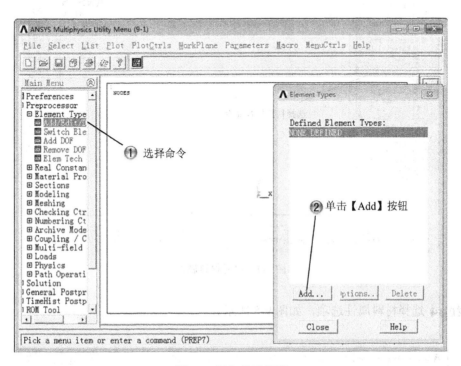

图 9-2 添加单元类型

**Step2** 设置单元类型,如图 9-3 所示。

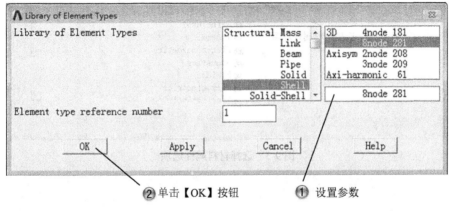

图 9-3 设置单元类型

**Step3** 单元材料属性，如图 9-4 所示。

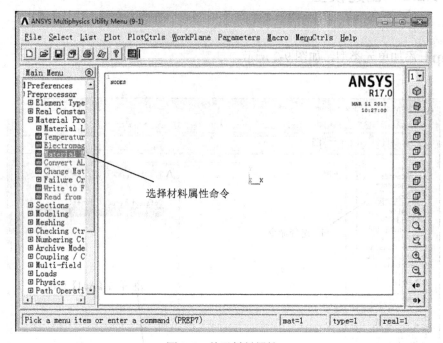

图 9-4　单元材料属性

**Step4** 选择材料属性选项，如图 9-5 所示。

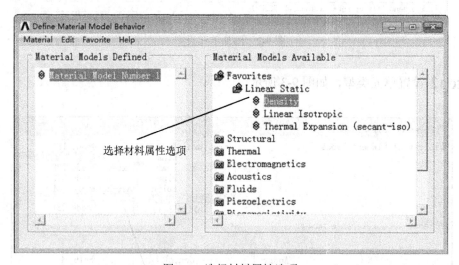

图 9-5　选择材料属性选项

**Step5** 设置材料参数，如图 9-6 所示。

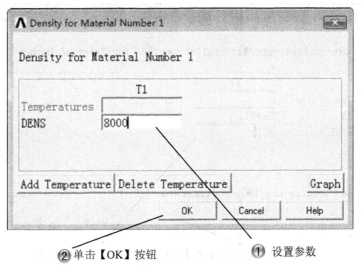

图 9-6　设置材料参数

**Step6** 选择泊松比命令，如图 9-7 所示。

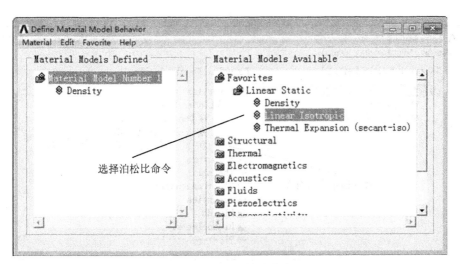

图 9-7　选择泊松比命令

**Step7** 设置泊松比，如图 9-8 所示。

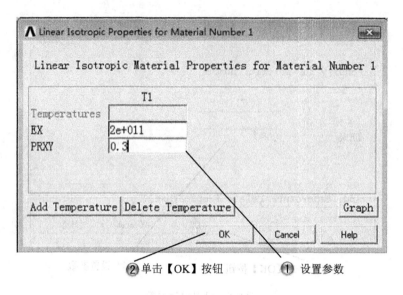

② 单击【OK】按钮　① 设置参数

图 9-8　设置泊松比

**Step8** 选择均布压力命令，如图 9-9 所示。

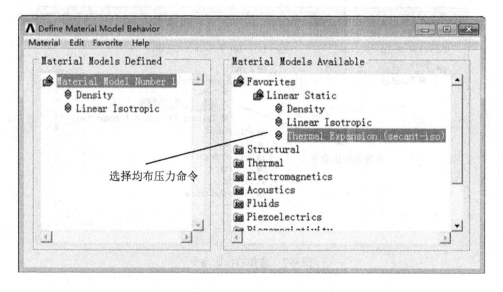

图 9-9　选择均布压力命令

> 提示：
> 这里设置的均布压力即载荷。

**Step9** 设置压力参数，如图9-10所示。

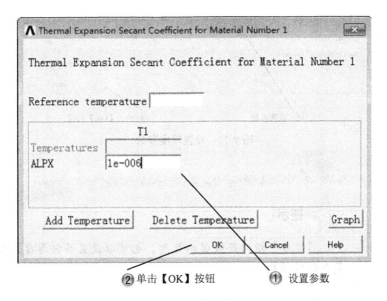

图9-10 设置压力参数

**Step10** 定义厚度，如图9-11所示。

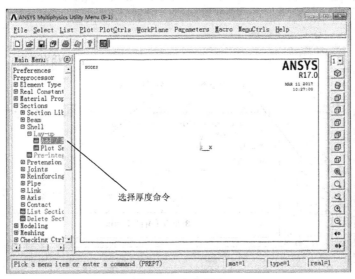

图9-11 定义厚度

⚡ **Step11** 设置厚度参数，如图 9-12 所示。

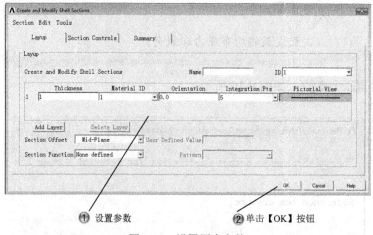

图 9-12 设置厚度参数

> 提示：
> "厚度"指的是板梁的厚度，也可以设置多种厚度，形成多材料结构。

⚡ **Step12** 创建节点，如图 9-13 所示。

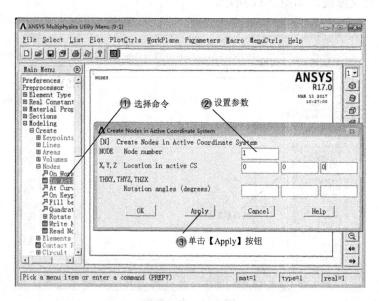

图 9-13 创建节点

# 第 9 章 板梁结构响应谱分析案例

⚡ **Step13** 创建节点 9,如图 9-14 所示。

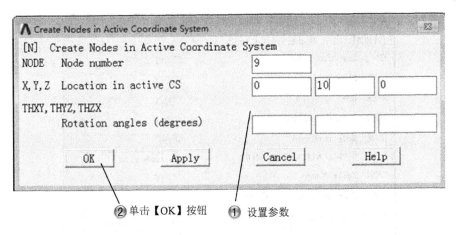

图 9-14 创建节点 9

⚡ **Step14** 选择编号命令,如图 9-15 所示。

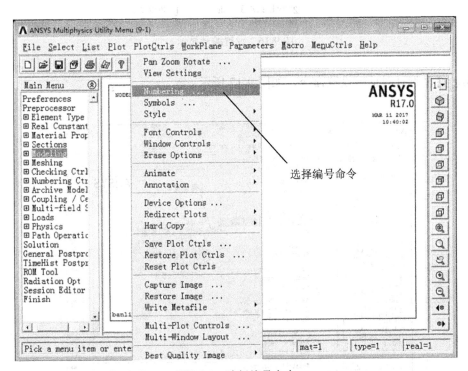

图 9-15 选择编号命令

**Step15** 设置编号显示，如图 9-16 所示。

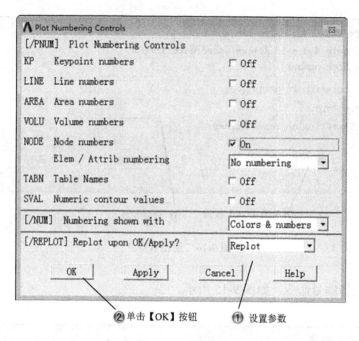

图 9-16  设置编号显示

**Step16** 选择对话框设置命令，如图 9-17 所示。

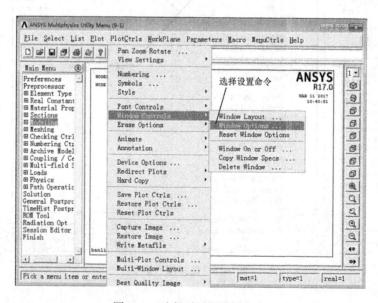

图 9-17  选择对话框设置命令

**Step17** 设置对话框参数,如图 9-18 所示。

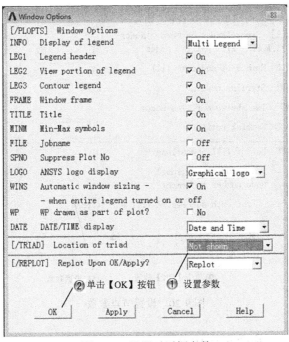

图 9-18　设置对话框参数

**Step18** 插入新节点,如图 9-19 所示。

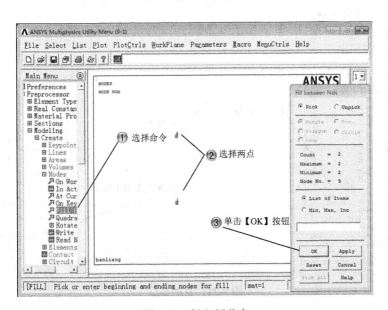

图 9-19　插入新节点

**Step19** 设置节点参数，如图 9-20 所示。

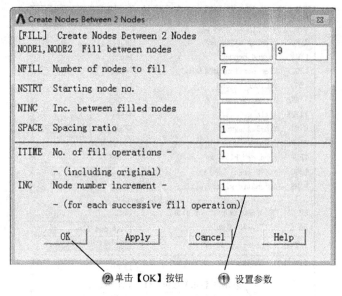

图 9-20　设置节点参数

**Step20** 复制节点，如图 9-21 所示。

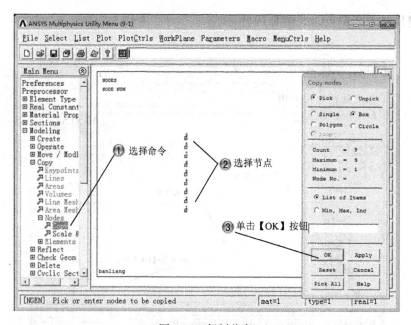

图 9-21　复制节点

## 第 9 章
## 板梁结构响应谱分析案例

⚡ **Step21** 设置复制参数，如图 9-22 所示。

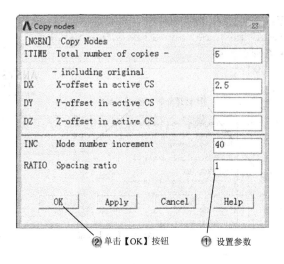

图 9-22　设置复制参数

 提示：

复制数目可以根据需要进行改变，对分析结果影响不大。

⚡ **Step22** 创建节点 21，如图 9-23 所示。

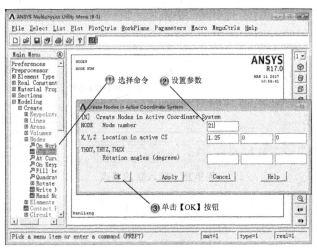

图 9-23　创建节点 21

· 293 ·

**Step23** 创建节点 29，如图 9-24 所示。

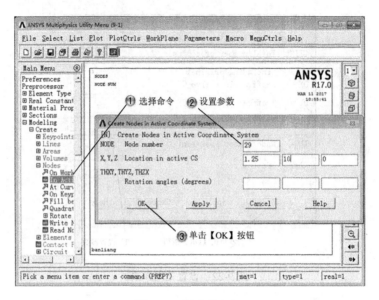

图 9-24　创建节点 29

**Step24** 插入新的节点，如图 9-25 所示。

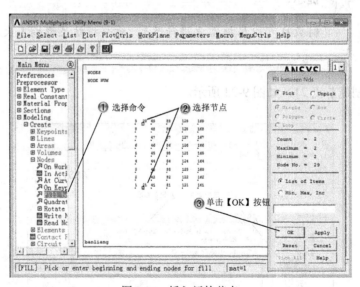

图 9-25　插入新的节点

# 第 9 章
## 板梁结构响应谱分析案例

**Step25** 设置节点参数，如图 9-26 所示。

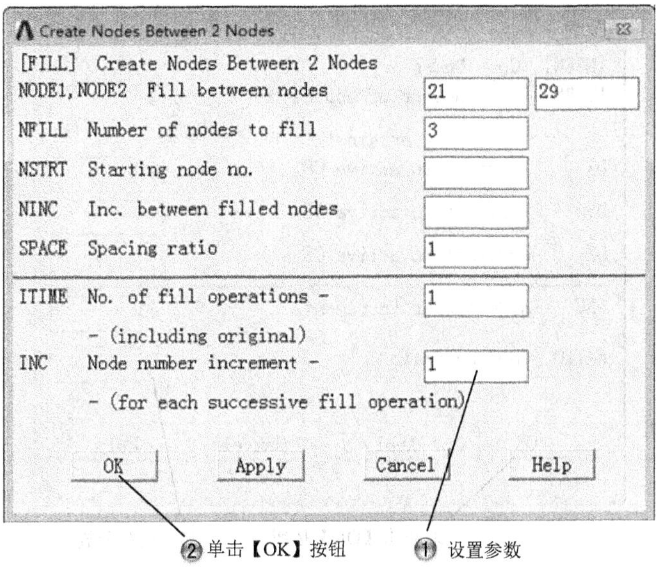

图 9-26 设置节点参数

**Step26** 复制节点，如图 9-27 所示。

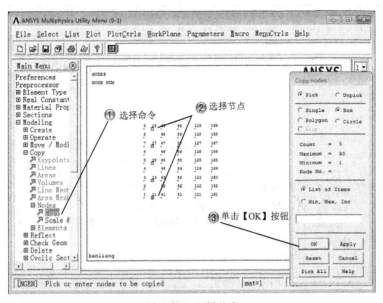

图 9-27 复制节点

**Step27** 设置节点参数，如图 9-28 所示。

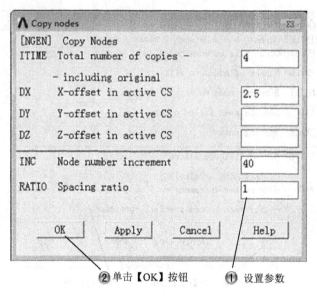

图 9-28　设置节点参数

**Step28** 创建单元，如图 9-29 所示。

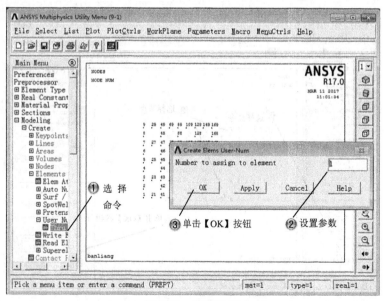

图 9-29　创建单元

**Step29** 选择节点，如图 9-30 所示。

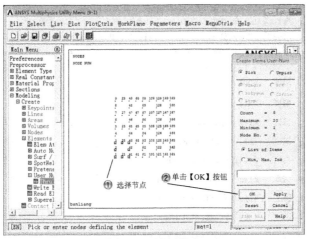

图 9-30　选择节点

> **提示：**
>
> 创建单元时，一定要按照"1、41、43、3、21、42、23、2"的顺序选择节点，即先依次选择 4 个边节点，然后依次选择 4 个中间的节点。

**Step30** 复制单元，如图 9-31 所示。

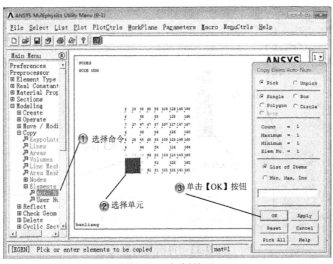

图 9-31　复制单元

**Step31** 设置复制参数，如图 9-32 所示。

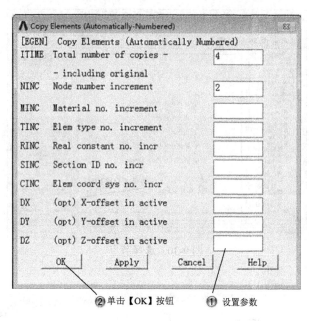

图 9-32　设置复制参数

**Step32** 再次复制单元，如图 9-33 所示。

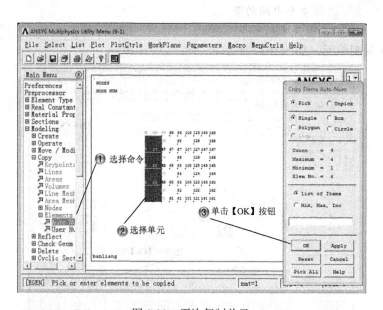

图 9-33　再次复制单元

**Step33** 设置复制参数,如图 9-34 所示。

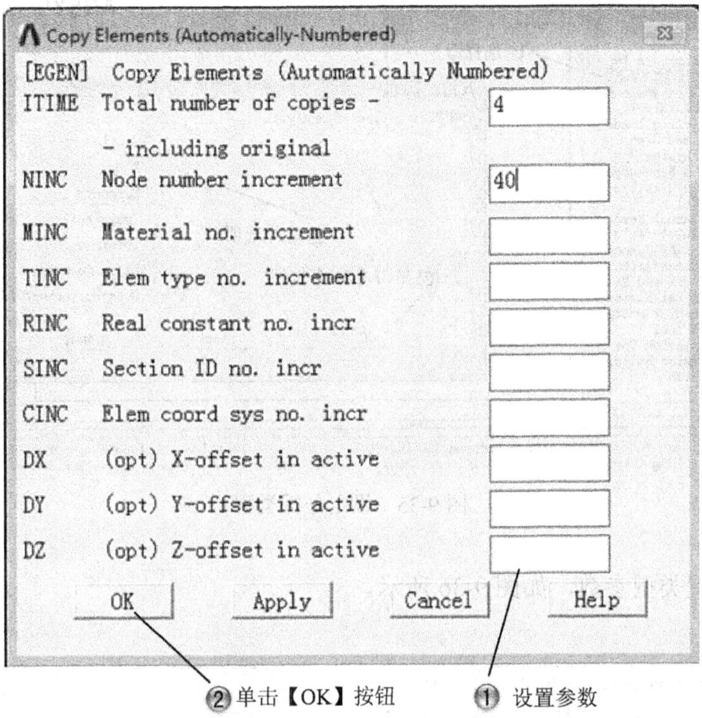

② 单击【OK】按钮　① 设置参数

图 9-34　设置复制参数

> ★ 提示:
> 这里的单元就是面,可以在设置材料参数后直接进行分析。

 **9.2.2　模态分析**

**Step1** 设定分析类型,如图 9-35 所示。

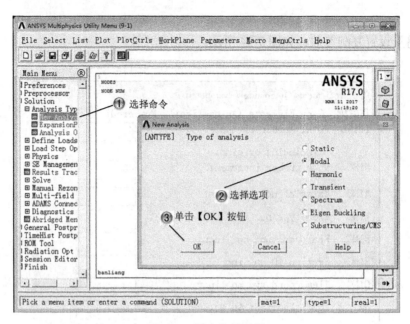

图 9-35　设定分析类型

**Step2** 设置类型参数，如图 9-36 所示。

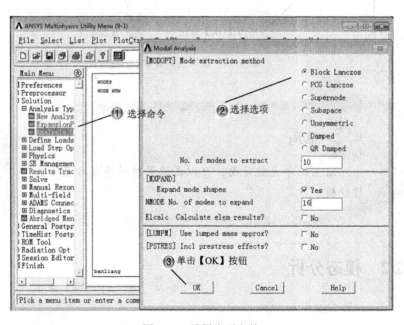

图 9-36　设置类型参数

# 第 9 章
## 板梁结构响应谱分析案例

> **提示：**
> 如果在模态扩展阶段做了响应的设定，则还包括整体应力（或者应力速度或者应力加速度）、应变（或者应变速度或者应变加速度），以及反作用力（或者反作用力度或者反作用力加速度）。

**Step3** 添加载荷，如图 9-37 所示。

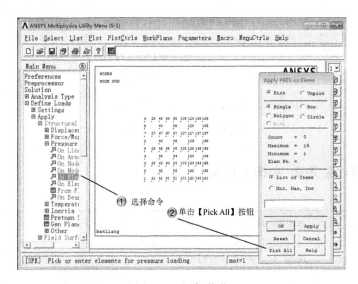

图 9-37 添加载荷

**Step4** 设置载荷参数，如图 9-38 所示。

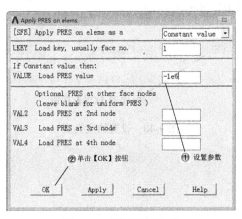

图 9-38 设置载荷参数

**Step5** 定义面内约束，如图9-39所示。

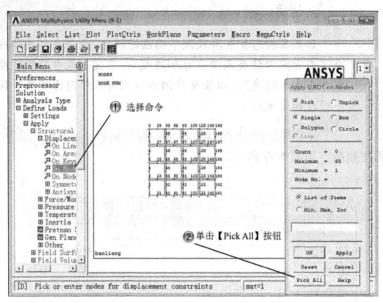

图9-39 定义面内约束

**Step6** 设置约束类型，如图9-40所示。

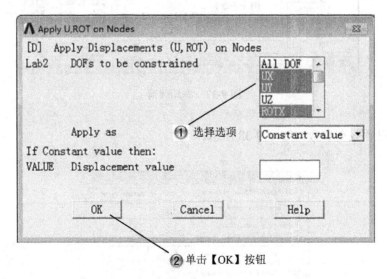

图9-40 设置约束类型

**Step7** 定义左右边界，如图 9-41 所示。

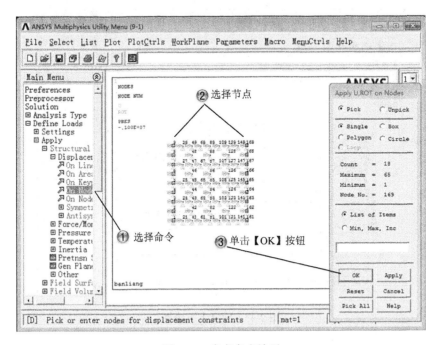

图 9-41　定义左右边界

**Step8** 设置约束类型，如图 9-42 所示。

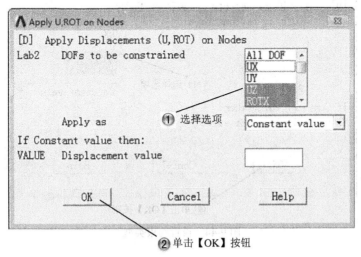

图 9-42　设置约束类型

**Step9** 定义上下边界，如图 9-43 所示。

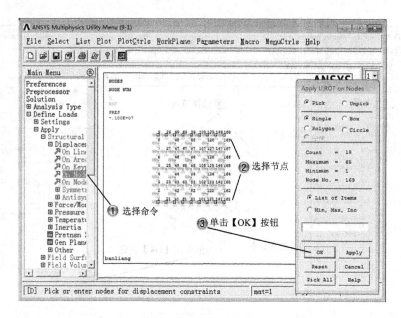

图 9-43　定义上下边界

**Step10** 设置约束类型，如图 9-44 所示。

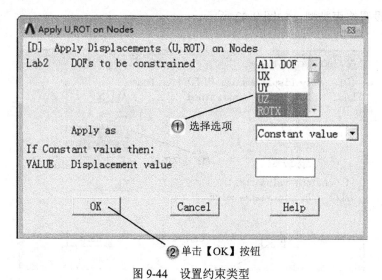

图 9-44　设置约束类型

**Step11** 选择左右界限主节点，如图 9-45 所示。

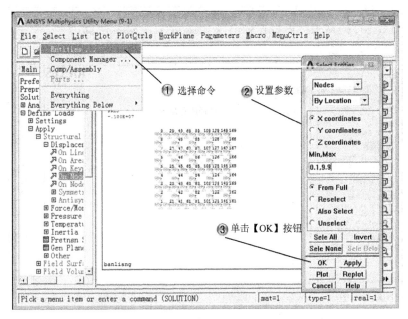

图 9-45　选择左右界限主节点

**Step12** 选择上下界限主节点，如图 9-46 所示。

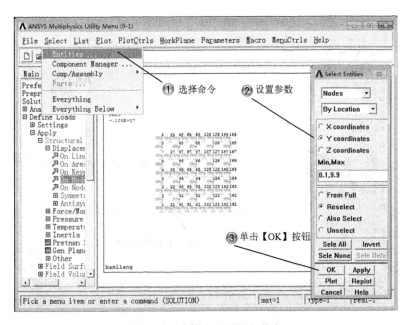

图 9-46　选择上下界限主节点

**Step13** 选择所有对象，如图 9-47 所示。

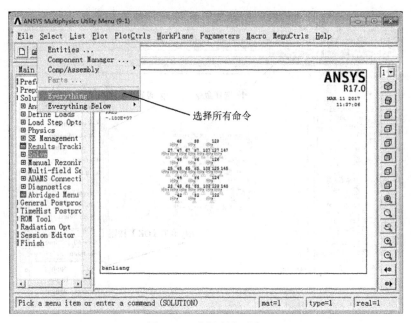

图 9-47　选择所有对象

**Step14** 求解计算，如图 9-48 所示。

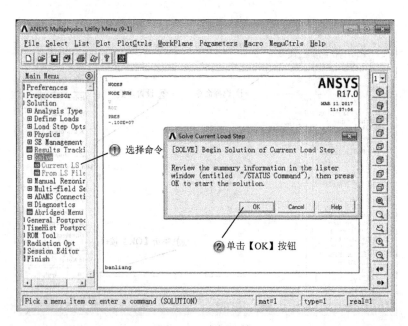

图 9-48　求解计算

> **提示：**
> 模态分析也是响应谱分析必须经过的步骤，和瞬态动力学分析类似。

## 9.3 分析结果

模型模态分析完成后，要进行谱分析，设置 PSD 分析，进行求解，最后进行谐响应分析，并得到分析图结果。

本案例完成文件：/09/9-2.db

多媒体教学路径：光盘→多媒体教学→第 9 章→第 3 节

### 9.3.1 谱分析

**Step1** 定义分析类型，如图 9-49 所示。

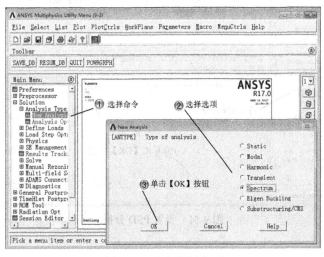

图 9-49　定义分析类型

**Step2** 设置分析选项,如图 9-50 所示。

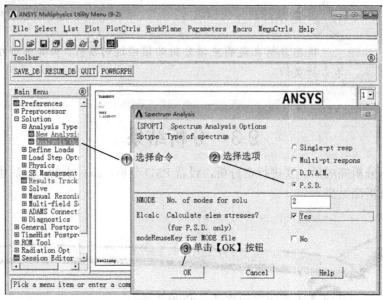

图 9-50  设置分析选项

**Step3** 设置 PSD 分析,如图 9-51 所示。

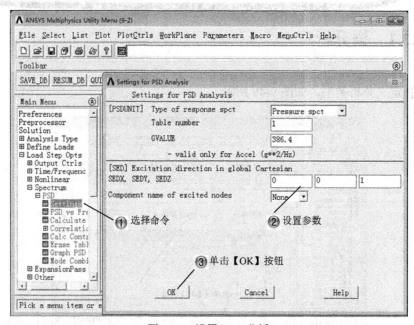

图 9-51  设置 PSD 分析

**Step4** 定义阻尼，如图 9-52 所示。

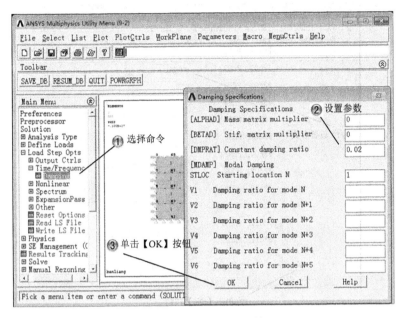

图 9-52　定义阻尼

**Step5** 定义 PSD，如图 9-53 所示。

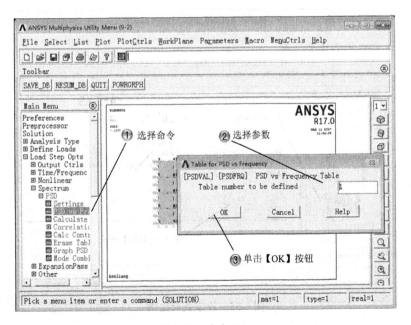

图 9-53　定义 PSD

**Step6** 设置 PSD 参数，如图 9-54 所示。

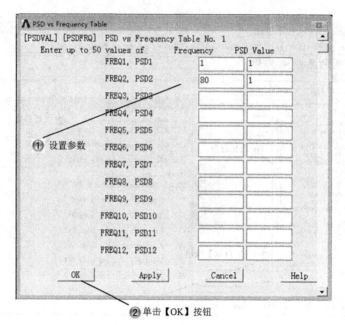

图 9-54  设置 PSD 参数

**Step7** 设定载荷比例，如图 9-55 所示。

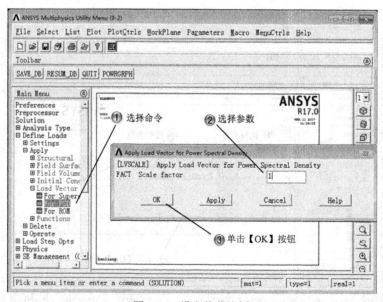

图 9-55  设定载荷比例

**Step8** 设置结果输出，如图 9-56 所示。

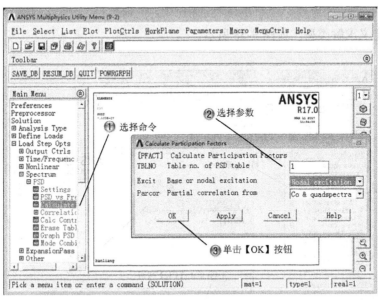

图 9-56　设置结果输出

**Step9** 求解计算，如图 9-57 所示。

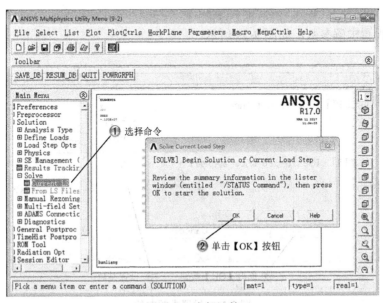

图 9-57　求解计算

### 9.3.2 谐响应分析

**Step1** 定义求解类型，如图 9-58 所示。

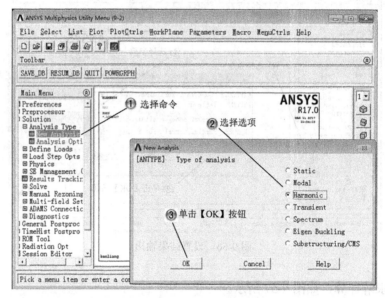

图 9-58 定义求解类型

**Step2** 设置求解参数，如图 9-59 所示。

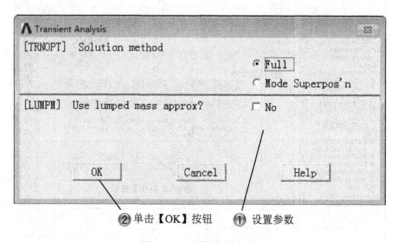

图 9-59 设置求解参数

# 第 9 章 板梁结构响应谱分析案例

**Step3** 设置求解选项，如图 9-60 所示。

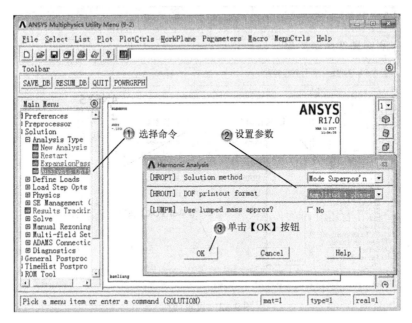

图 9-60　设置求解选项

**Step4** 设置求解参数，如图 9-61 所示。

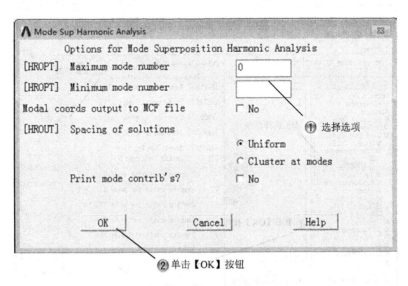

图 9-61　设置求解参数

**Step5** 设置载荷，如图 9-62 所示。

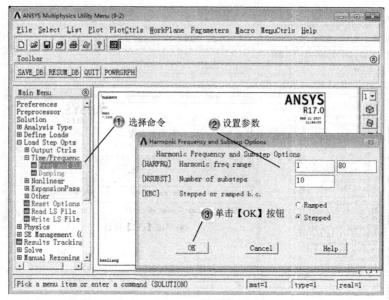

图 9-62　设置载荷

**Step6** 设置阻尼，如图 9-63 所示。

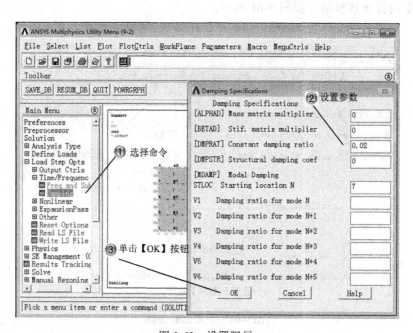

图 9-63　设置阻尼

# 第 9 章 板梁结构响应谱分析案例

> 提示：
> 后处理器还包含许多其他功能，例如将结果映射到具体路径，将结果转化到不同的坐标系，载荷工况叠加等，可以参考 ANSYS 帮助文档。

**Step7** 求解计算，如图 9-64 所示。

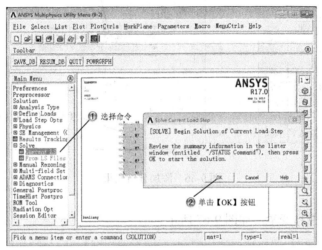

图 9-64　求解计算

**Step8** 进入时间历程后处理，如图 9-65 所示。

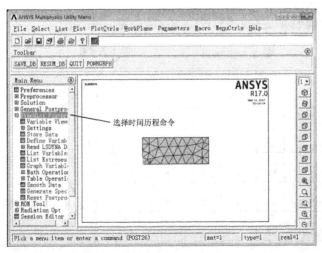

图 9-65　进入时间历程后处理

**Step9** 添加分析结果，如图 9-66 所示。

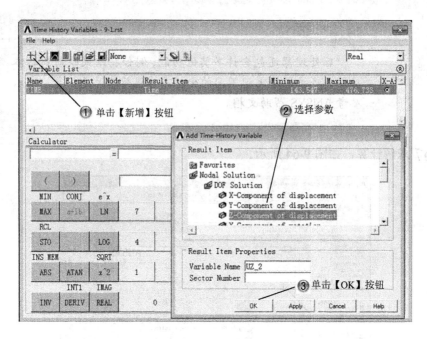

图 9-66　添加分析结果

**Step10** 定义位移变量，如图 9-67 所示。

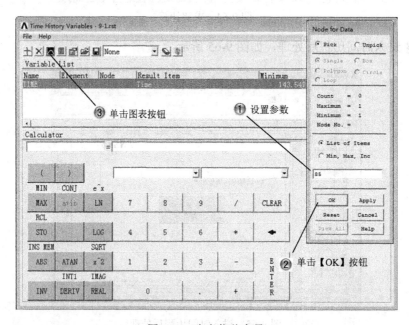

图 9-67　定义位移变量

**Step11** 完成谐响应分析，如图 9-68 所示。

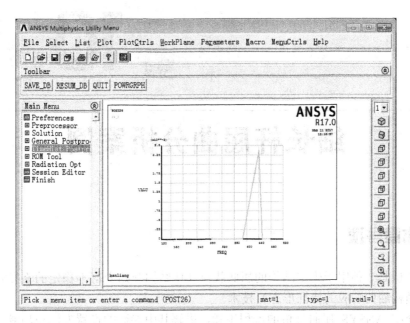

图 9-68　完成谐响应分析

## 9.4　案例小结

本章以板梁为例详细介绍了响应谱的分型操作，通过本章的学习，读者可以完整深入地掌握 ANSYS 谱分析的各种功能和应用方法。

# 第 10 章

# 细长杆屈曲分析案例

 **本章导读**

屈曲分析是一种用于确定结构的屈曲载荷（使结构开始变得不稳定的临界载荷）和屈曲模态（结构屈曲响应的特征形态）技术。

本章介绍 ANSYS 屈曲分析的流程步骤，讲解其中参数的设置方法与功能，最后通过细长杆屈曲分析案例对 ANSYS 屈曲分析功能进行具体演示。

| 学习要求 | 学习目标<br>知识点 | 了解 | 理解 | 应用 | 实践 |
|---|---|---|---|---|---|
| | 结果屈曲理论 | | √ | | |
| | 结果屈曲分析的基本步骤 | | √ | √ | |
| | 细长杆屈曲分析 | | √ | √ | √ |
| | | | | | |
| | | | | | |

# 10.1 案例分析

 **10.1.1 知识链接**

**1. 结构屈曲概论**

ANSYS 提供两种分析结构屈曲的技术。

> ①非线性屈曲分析：该方法是逐步的增加载荷，对结构进行作线性静力学分析，然后在此基础上寻找临界点。
> ②特征值屈曲分析（线性屈曲分析）：该方法用于预测理想弹性结构的理论屈曲强度（即通常所说的欧拉临界载荷）。

**2. 结构屈曲分析的基本步骤**

（1）前处理

该过程跟其他分析类型类似，但应注意以下两点。

> ①该方法只允许线性行位，如果定义了非线性单元，也按线性处理。
> ②材料的弹性模量"EX"（或者某种形式的刚度）必须定义，材料性质可以线性、各向同性或者各向异性、恒值或者与温度相关。

（2）获得静力解

该过程与一般的静力分析类似，只需记住以下几点。

> ①必须激活预应力影响（PSTRESS 命令或者相应 GUI）。
> ②通常只须施加一个单位载荷即可，不过 ANSYS 允许的最大特征值是 $10^6$，若求解时，特征值超过了这个限度，则须施加一个较大的载荷。当施加单位载荷时，求解得到的特征值就表示临界载荷，当施加非单位载荷时，求解得到的特征值乘以施加的载荷就得到临界载荷。

③特征值相当于对所有施加载荷的放大倍数。如果结构上既有恒载荷作用（例如重力载荷）又有变载荷作用（例如外加载荷），需要确保在特征值求解时，由恒载荷引起的刚度矩阵没有乘以放大倍数。为了做到这一点，通常采用迭代方法。根据迭代结果，不断地调整外加载荷，直到特征值变成 1（或者在误差允许范围内接近 1）。

④可以施加非零约束作为静载荷来模拟预应力，特征值屈曲分析将考虑这种非零约束（即考虑了预应力），屈曲模态不考虑非零约束模型（即屈曲模态依然是参考零约束模型）。

⑤在求解完成后，必须退出求解器。

（3）获得特征值屈曲解

该步骤需要静力求解所得的两个文件"Jobname.EMAT"和"Jobname.ESAV"，同时，数据库必须包含模型文件（必要时执行 RESUME 命令）。

提示：

重启动（Restarts）对于特征值分析无效。当指定特征值屈曲分析之后，会出现相应的求解菜单，该菜单会根据最近的操作和完整形式，简化形式菜单，使其仅仅包含对于屈曲分析需要或者有效的选项。

（4）扩展解

无论采用哪种特征值提取方法，如果想得到屈曲模态的形状，就必须执行扩展解。如果是子空间迭代法，可以把"扩展"简单理解为将屈曲模态的形状写入结果文件。

提示：

扩展解必须有特征值屈曲求解得到的屈曲模态文件（Jobname.MODE）。数据库必须包含跟特征值求解同样的模型。

（5）后处理

屈曲扩展求解的结果被写入结构结果文件（Jobname.RST），他们包括屈曲载荷因子、屈曲模态形状和相对应力分布，可以在通用后处理（POST1）中观察这些结果。

> 提示：
> 为了在 POST1 中观察结果，数据库必须包含与屈曲分析相同的结构模型（必要时可执行 RESUME 命令），同时数据库还必须包含扩展求解输出的结果文件（Jobname.RST）。

### 10.1.2 设计思路

本案例的细长杆在理论上是一个管状结构，在实际操作上利用一条线进行代替，如图 10-1 所示。框架的端部固定，横截面是一个中空管道，长为 10，分成多个小节。需要分析该结构顶点受均匀集中载荷作用时的屈曲临界载荷。材料的弹性模量为 $1.5 \times 10^{11}$Pa，泊松比为 0.35。

固定点　　　　　　　　　　压力

图 10-1　细长杆模型

## 10.2 案例设置

创建模型，首先创建 XY 平面上的两点，并形成直线，同时设置各种属性参数，之后再进行静力分析，才能进行下一步操作。

本案例的完成文件：/10/10-1.db

多媒体教学路径：光盘→多媒体教学→第 10 章→第 2 节

**10.2.1 创建模型**

**Step1** 添加单元类型，如图 10-2 所示。

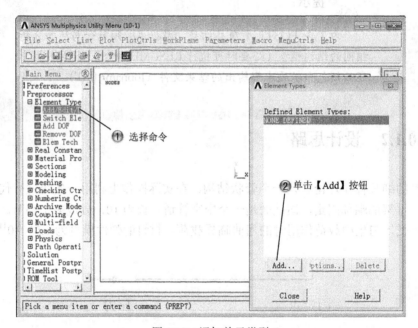

图 10-2 添加单元类型

**Step2** 设置单元类型，如图 10-3 所示。

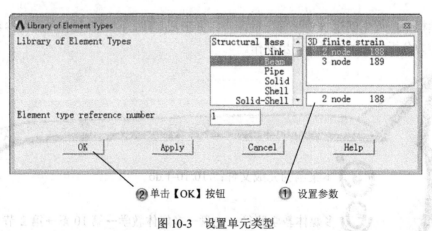

图 10-3 设置单元类型

**Step3** 设置材料属性，如图 10-4 所示。

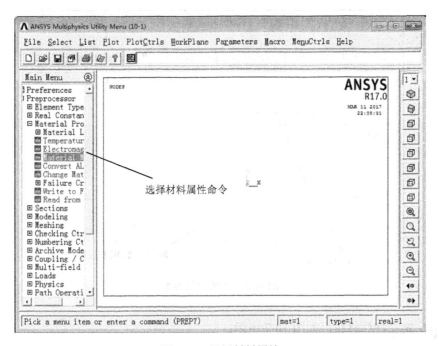

图 10-4 设置材料属性

**Step4** 选择材料属性选项，如图 10-5 所示。

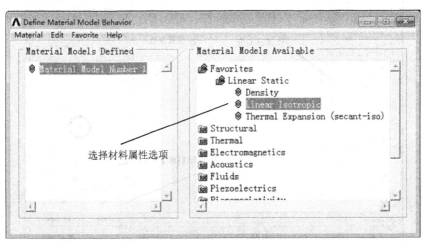

图 10-5 选择材料属性选项

**Step5** 设置材料参数，如图 10-6 所示。

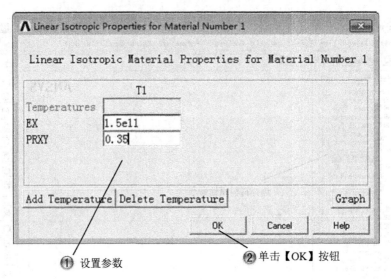

图 10-6　设置材料参数

**Step6** 定义杆件材料，如图 10-7 所示。

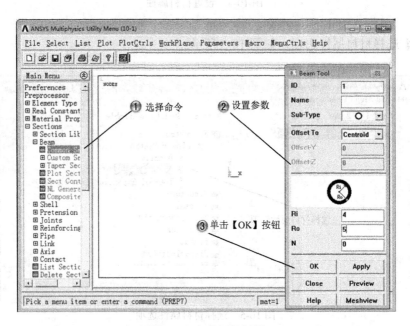

图 10-7　定义杆件材料

**Step7** 创建节点 1，如图 10-8 所示。

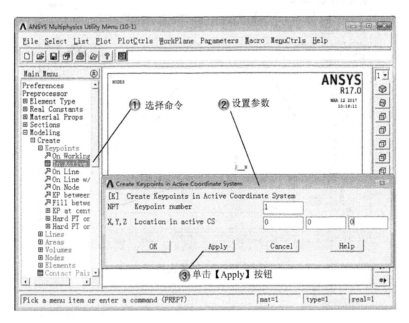

图 10-8  创建节点 1

**Step8** 创建节点 2，如图 10-9 所示。

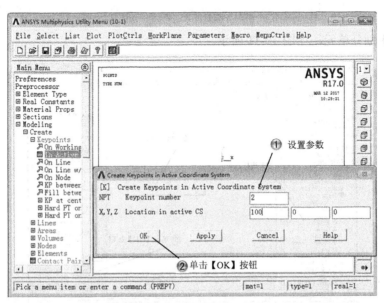

图 10-9  创建节点 2

**Step9** 创建直线，如图 10-10 所示。

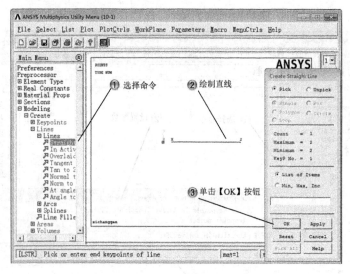

图 10-10 创建直线

 提示：

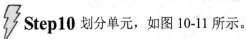

杆件使用直线代替，受到的是压力，杆件会发生弯曲。

**Step10** 划分单元，如图 10-11 所示。

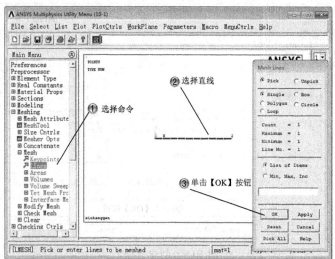

图 10-11 划分单元

## 10.2.2 静力分析

**Step1** 设定分析类型,如图 10-12 所示。

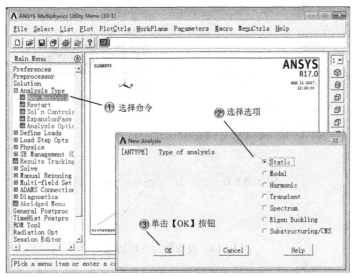

图 10-12 设定分析类型

**Step2** 选择分析命令,如图 10-13 所示。

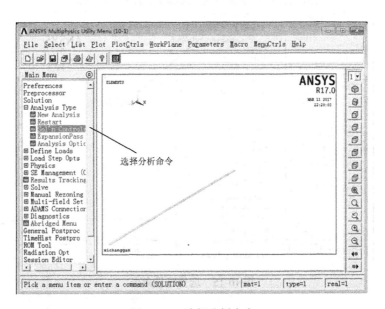

图 10-13 选择分析命令

**Step3** 设置静力分析选项，如图 10-14 所示。

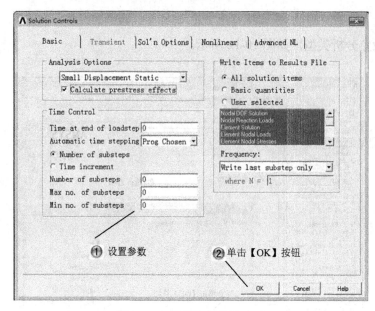

图 10-14　设置静力分析选项

**Step4** 选择编号命令，如图 10-15 所示。

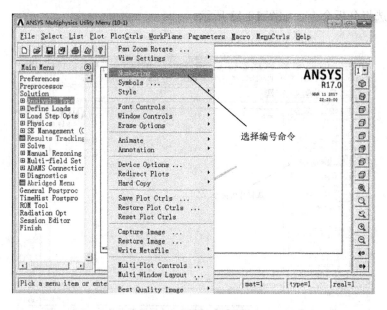

图 10-15　选择编号命令

**Step5** 设置编号显示参数，如图 10-16 所示。

图 10-16　设置编号显示参数

**Step6** 添加边界条件，如图 10-17 所示。

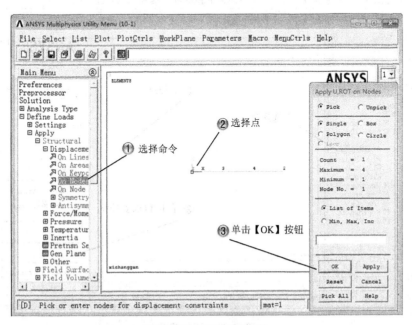

图 10-17　添加边界条件

**Step7** 设置边界自由度，如图 10-18 所示。

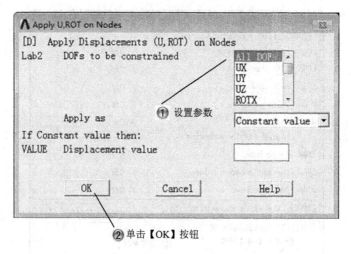

图 10-18　设置边界自由度

**Step8** 添加载荷，如图 10-19 所示。

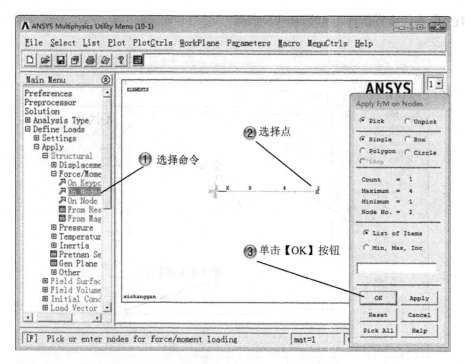

图 10-19　添加载荷

# 第 10 章
## 细长杆屈曲分析案例

**Step9** 设置载荷自由度，如图 10-20 所示。

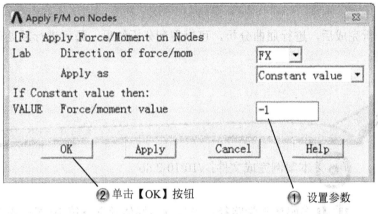

图 10-20 设置载荷自由度

**Step10** 运算求解，如图 10-21 所示。

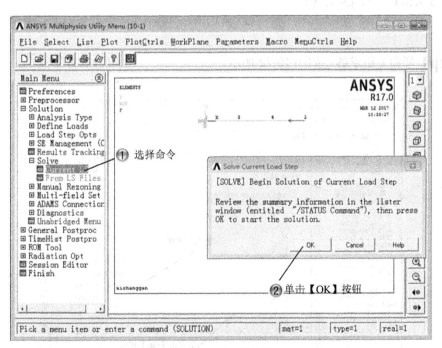

图 10-21 运算求解

## 10.3 分析结果

在静力分析完成后,进行屈曲分析,可以得到分析结果,最后进行后处理,得到不同阶的分析结果。

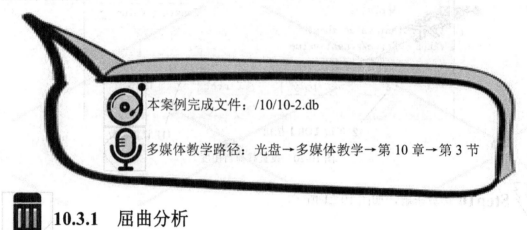

本案例完成文件:/10/10-2.db

多媒体教学路径:光盘→多媒体教学→第 10 章→第 3 节

### 10.3.1 屈曲分析

**Step1** 屈曲分析求解,如图 10-22 所示。

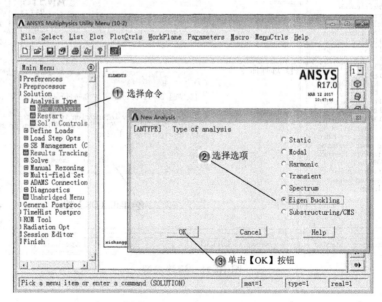

图 10-22 屈曲分析求解

# 第 10 章
## 细长杆屈曲分析案例

**Step2** 设置屈曲分析选项，如图 10-23 所示。

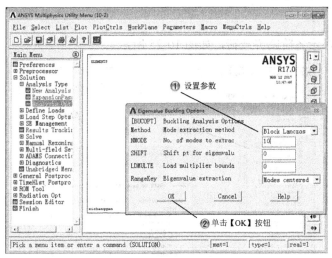

图 10-23　设置屈曲分析选项

> **提示：**
> 屈曲阶数（NMODE）：指定提取特征值的阶数。该变量默认值是 1，因为通常最关心的是第一阶屈曲。

**Step3** 求解运算，如图 10-24 所示。

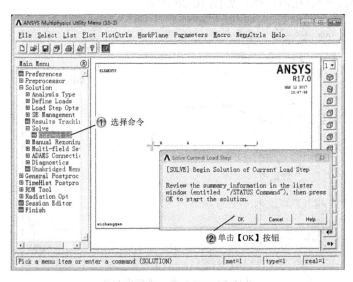

图 10-24　求解运算

### 10.3.2 后处理

**Step1** 列表显示各阶临界载荷，如图 10-25 所示。

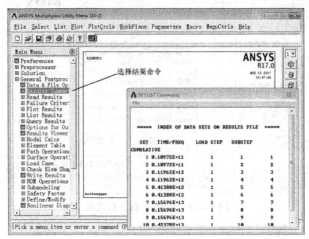

图 10-25 列表显示各阶临界载荷

 提示：

临界载荷即分析结果，在实际使用中还需要进行各阶的结果分析和查看。

**Step2** 读入第一阶屈曲模态，如图 10-26 所示。

图 10-26 读入第一阶屈曲模态

**Step3** 选择显示选项，如图 10-27 所示。

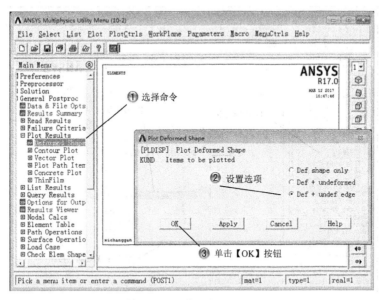

图 10-27 选择显示选项

**Step4** 第一阶屈曲分析结果，如图 10-28 所示。

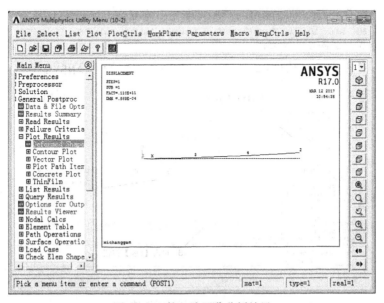

图 10-28 第一阶屈曲分析结果

Step5 读入第五阶屈曲模态，如图10-29所示。

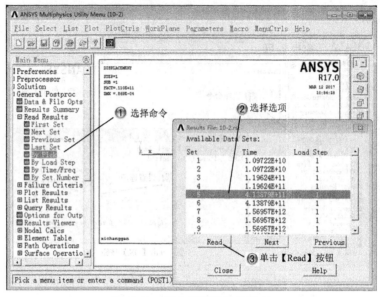

图10-29 读入第五阶屈曲模态

Step6 选择显示选项，如图10-30所示。

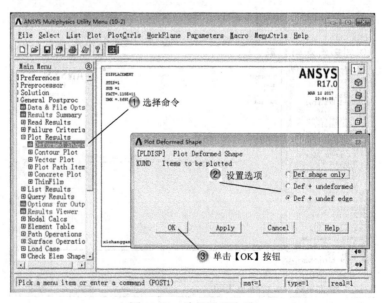

图10-30 选择显示选项

# 第 10 章 细长杆屈曲分析案例

> ★ 提示：
> 对于特征值屈曲问题，唯一有效的载荷步选项是输出控制和扩展选项，扩展求解可以设置成特征值屈曲求解的一部分，也可以另外单独执行。

⚡ **Step7** 第一阶屈曲分析结果，如图 10-31 所示。

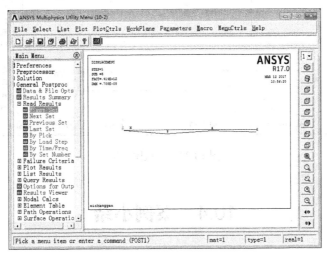

图 10-31　第一阶屈曲分析结果

⚡ **Step8** 设置等值图显示，如图 10-32 所示。

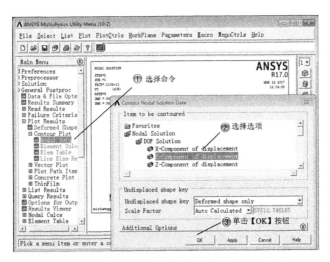

图 10-32　设置等值图显示

**Step9** 等值图结果，如图 10-33 所示。

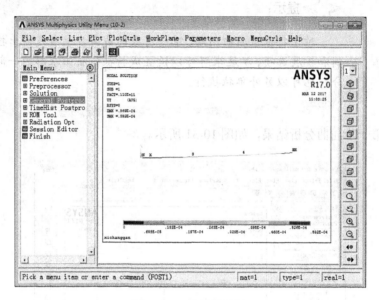

图 10-33　等值图结果

## 10.4　案例小结

本例通过一个中空管道结构的屈曲分析，详细介绍特征值屈曲分析的过程和技巧。要注意的是，在进行屈曲类分析之前，必须先进行静力分析，才能进行下一步操作。

# 第 11 章

# 橡胶圆筒受压分析案例

**本章导读**

非线性变化是日常生活和科研工作中经常碰到的情形。本章介绍 ANSYS 非线性分析的理论，以及非线性分析的基本流程步骤，最后通过一个橡胶圆筒的受压案例，对 ANSYS 非线性分析功能进行具体演示。

| 学习要求 | 知识点 | 学习目标 | | | |
|---|---|---|---|---|---|
| | | 了解 | 理解 | 应用 | 实践 |
| | 非线性分析概论 | | √ | | |
| | 非线性分析的基本步骤 | | √ | √ | |
| | 橡胶圆筒的受压分析 | | √ | √ | √ |
| | | | | | |
| | | | | | |

## 11.1 案例分析

### 11.1.1 知识链接

在日常生活中，会经常遇到非线性结构。例如，钉书时钉书钉弯曲成一定的形状；如果在一个木架上放置重物，随着时间的迁移它将越来越下垂；当在卡车上装货时，它的轮引起结构非线性变化的原因很多，有如下几种。

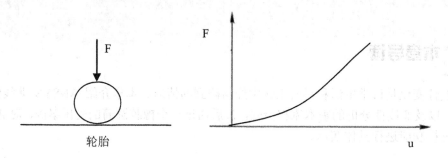

图 11-1　非线性结构及其载荷变形图

ANSYS 程序的方程求解器，可以计算一系列的联立线性方程来预测工程系统的响应。然而，非线性结构的行为不能直接用这样一系列的线性方程表示。需要一系列的带校正的线性近似来求解非线性问题。

（1）非线性求解方法

一种近似的非线性求解是将载荷分成一系列的载荷增量。可以在几个载荷步内，或者在一个载荷步的几个子步内施加载荷增量。在每一个增量的求解完成后，继续进行下一个载荷增量之前程序调整刚度矩阵，以反映结构刚度的非线性变化。遗憾的是，纯粹的增量近似不可避免地随着每一个载荷增量积累误差，导致结果最终失去平衡。

ANSYS 程序通过使用牛顿-拉普森平衡迭代克服了这种困难，它迫使每一个载荷增量的末端解达到平衡收敛（在某个容限范围内）。图 11-2 描述了在单自由度作线性分析中牛顿-拉普森平衡迭代的使用。在每次求解前，NR 方法估算出残差矢量，这个矢量是回复力（对应于单元应力的载荷）和所加载荷的差值。程序然后使用非平衡载荷进行线性求解，且核查收敛性。如果不满足收敛准则，重新估算非平衡载荷，修改刚度矩阵，获得新解。持续这种迭代过程直到问题收敛。

(1)状态变化（包括接触）。许多普通结构表现出一种与状态相关的非线性行为。例如，一根只能拉伸的电缆可能是松散的，也可能是绷紧的。轴承套可能是接触的，也可能是不接触的，冻土可能是冻结的，也可能是融化的。这些系统的刚度，由于系统状态的改变，而在不同的值之间突然变化。状态改变也许和载荷直接有关（如在电缆情况中），也可能由某种外部原因引起（如冻土中的紊乱热力学条件）。ANSYS 程序中单元的激活与杀死选项用来给这种状态的变化建模。接触是一种很普遍的非线性行为，接触是状态变化非线性类型中一个特殊而重要的子集。

(2)几何非线性。如果结构经受大变形，它变化的几何形状可能会引起结构的非线性响应。

(3)材料非线性。非线性的应力和应变关系是造成结构非线性的常见原因。许多因素可以影响材料的应力和应变性质，包括加载历史（如在弹塑性响应状况下），环境状况（如温度），加载的时间总量（如在蠕变响应状况下）。

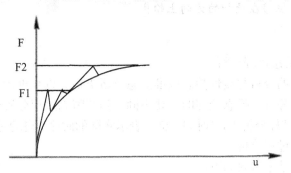

图 11-2　全牛顿-拉普森迭代求解

ANSYS 程序提供了一系列命令来增强问题的收敛性，如自适应下降、线性搜索、自动载荷步和二分法等，可被激活来加强问题的收敛性，如果不能得到收敛，那么程序要么继续计算下一个载荷步，要么终止（依据用户的指示而定）。

对某些物理意义上不稳定系统的非线性静态分析，如果仅仅使用 NR 方法，正切刚度矩阵可能变为降秩矩阵，导致严重的收敛问题。这样的情况包括独立实体从固定表面分离的静态接触分析，结构或者完全崩溃或者"突然变成"另一个稳定形状的非线性弯曲问题。对这样的情况，可以激活另外一种迭代方法，即弧长方法，来帮助稳定求解。弧长方法导致 NR 平衡迭代沿一段弧收敛，从而即使当正切刚度矩阵的倾斜为零或负值时，也往往阻止发散。

(2)非线性求解级别

非线性求解被分成 3 个操作级别，介绍如下。

①"顶层"级别由在一定"时间"范围内明确定义的载荷步组成。假定载荷在载荷步内是线性变化的。

②在每一个载荷子步内,为了逐步加载可以控制程序来执行多次求解(子步或时间步)。

③在每一个子步内,程序将进行一系列的平衡迭代,以获得收敛的解。

(3)载荷和位移的方向改变

当结构经历变形时,应该考虑到载荷将发生的变化。在许多情况中,无论结构如何变形,施加在系统中的载荷保持恒定的方向。而在另一些情况中,力将改变方向,随着单元方向的改变而变化。

> ☆ 提示:
> 
> 在大变形分析中,不修正坐标系方向。因此,计算出的位移在最初的方向上输出。

(4)非线性瞬态过程分析

线性瞬态过程的分析与线性静态或准静态分析类似。以步进增量加载,程序在每一步中进行平衡迭代。静态和瞬态处理的主要不同,是在瞬态过程分析中,要激活时间积分效应。因此,在瞬态过程分析中,"时间"总是表示实际的时序。自动时间分步和二等分特点,同样也适用于瞬态过程分析。

非线性分析的基本步骤如下。

①前处理(建模和分网)。
②设置求解控制器。
③设置其他求解选项。
④加载。
⑤求解。
⑥后处理(观察模型)。

**11.1.2 设计思路**

如图 11-3 所示，是一个中空的橡胶圆筒的受力截面图（外径为 20，内径为 10，泊松比为 0.5），在其内部收到 100MPa 的压力，需要求解圆筒的应力和位移响应。

在该例中，通过橡胶圆筒受压形变分析，详细介绍非线性分析的过程和技巧。另外，本例的模型只计算了四分之一，因为是对称模型。

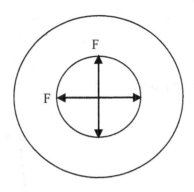

图 11-3 橡胶圆筒受力截面

## 11.2 案例设置

案例模型是一个平面模型，并且只计算其四分之一，所以，创建的时候也只创建四分之一的圆，划分网格的时候要分别对边线进行分割。

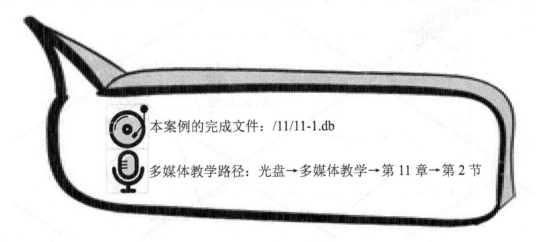

本案例的完成文件：/11/11-1.db

多媒体教学路径：光盘→多媒体教学→第 11 章→第 2 节

**11.2.1 创建模型**

**Step1** 添加单元类型，如图 11-4 所示。

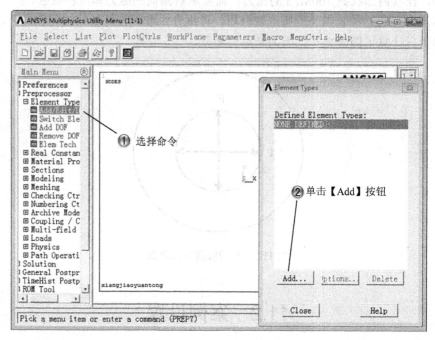

图 11-4 添加单元类型

**Step2** 设置单元类型，如图 11-5 所示。

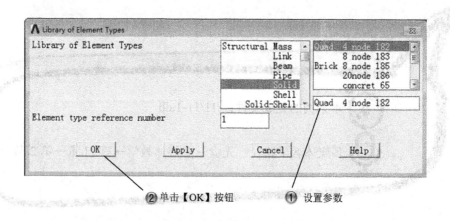

图 11-5 设置单元类型

# 第 11 章
## 橡胶圆筒受压分析案例

**Step3** 设置单元类型参数，如图 11-6 所示。

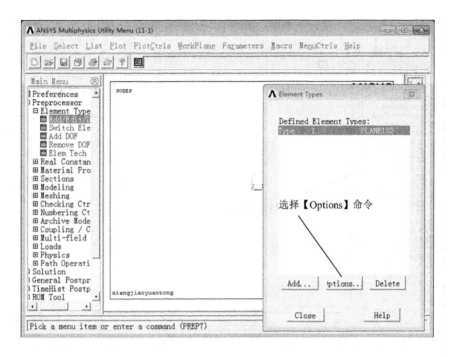

图 11-6　设置单元类型参数

**Step4** 设置为平面应变问题，如图 11-7 所示。

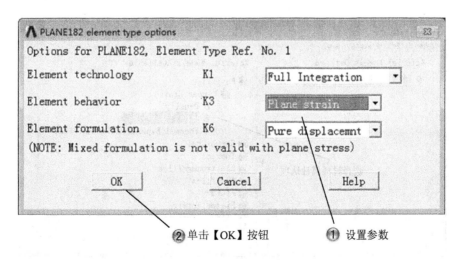

图 11-7　设置为平面应变问题

**Step5** 选择材料属性命令，如图11-8所示。

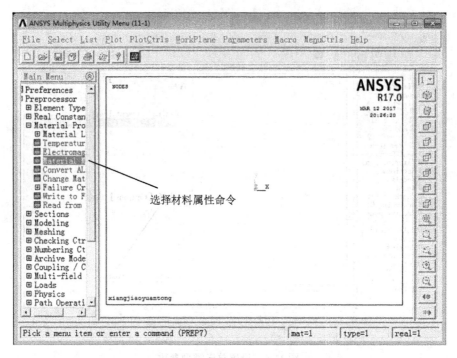

图11-8　选择材料属性命令

**Step6** 选择材料属性选项，如图11-9所示。

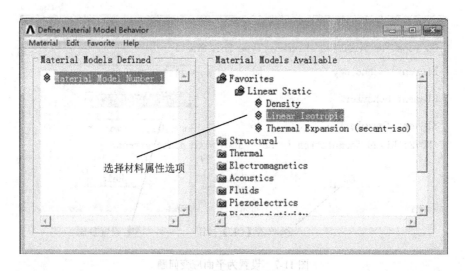

图11-9　选择材料属性选项

# 第 11 章
## 橡胶圆筒受压分析案例

⚡ **Step7** 设置泊松比，如图 11-10 所示。

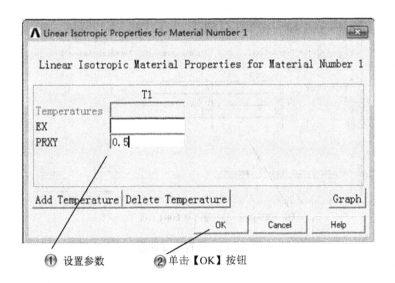

图 11-10　设置泊松比

提示：

模型材质设置的为橡胶材质，与金属类的模型截然不同。

⚡ **Step8** 选择温度选项，如图 11-11 所示。

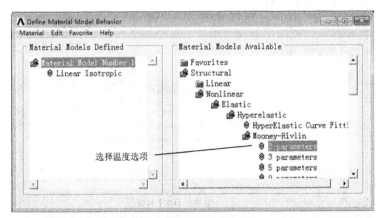

图 11-11　选择温度选项

**Step9** 设置温度参数，如图 11-12 所示。

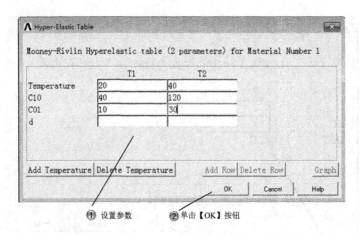

图 11-12 设置温度参数

 提示：

设置温度参数的目的，是因为受压橡胶和空气会发生温度变化。

**Step10** 创建面区域，如图 11-13 所示。

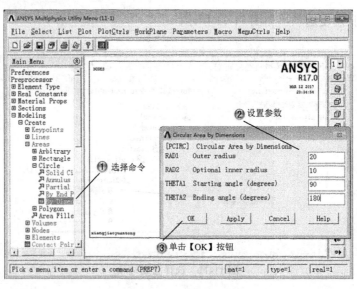

图 11-13 创建面区域

# 第 11 章
## 橡胶圆筒受压分析案例

**Step11** 完成模型的创建，如图 11-14 所示。

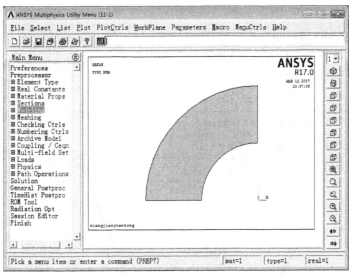

图 11-14　完成模型的创建

## 11.2.2　划分网格

**Step1** 选择划分网格，如图 11-15 所示。

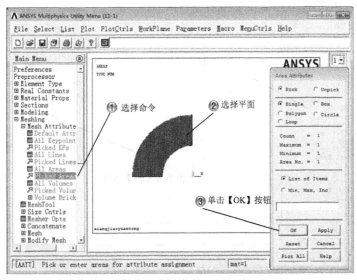

图 11-15　选择划分网格

· 349 ·

**Step2** 设置网格参数，如图 11-16 所示。

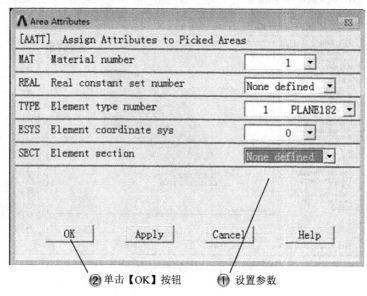

图 11-16　设置网格参数

**Step3** 选择划分工具命令，如图 11-17 所示。

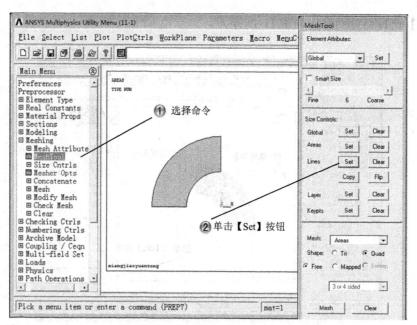

图 11-17　选择划分工具命令

# 第 11 章
## 橡胶圆筒受压分析案例

**Step4** 选择分割曲线，如图 11-18 所示。

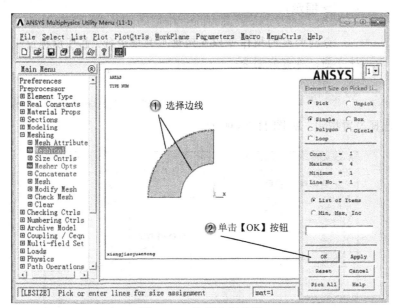

图 11-18　选择分割曲线

**Step5** 设置分割参数，如图 11-19 所示。

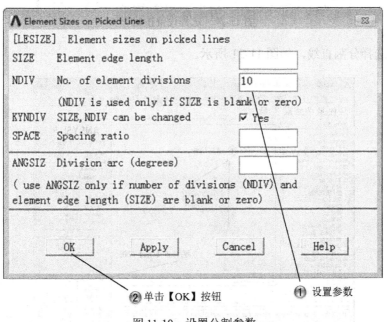

图 11-19　设置分割参数

提示：

分割曲线的操作可以在网格工具中进行，也可以提前进行分割，再智能划分。

**Step6** 选择设置按钮，如图 11-20 所示。

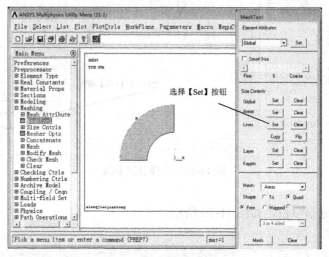

图 11-20  选择设置按钮

**Step7** 选择分割直线，如图 11-21 所示。

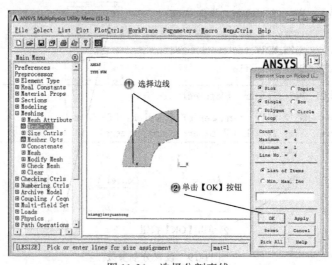

图 11-21  选择分割直线

**Step8** 设置分割参数，如图 11-22 所示。

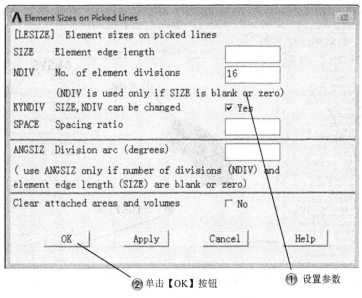

图 11-22　设置分割参数

**Step9** 开始划分网格，如图 11-23 所示。

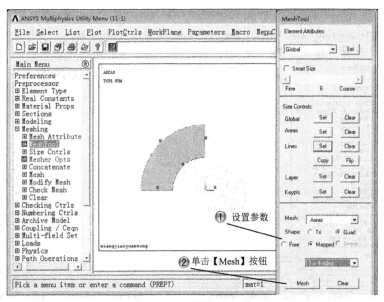

图 11-23　开始划分网格

**Step10** 选择要分割的面，如图 11-24 所示。

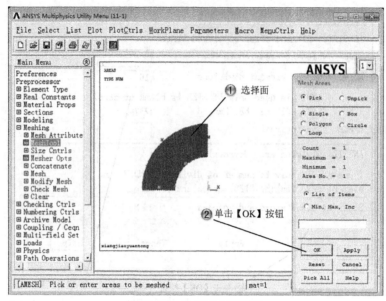

图 11-24 选择要分割的面

**Step11** 完成网格划分，如图 11-25 所示。

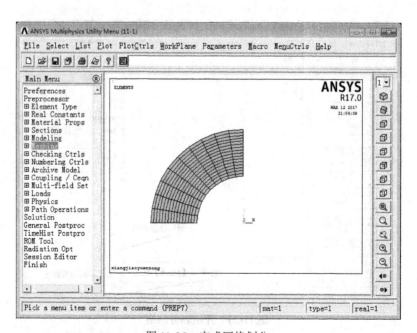

图 11-25 完成网格划分

## 11.3 分析结果

划分网格后才能进行静力分析,在静力分析时,需要加入温度条件,最终得到完整的分析结果。

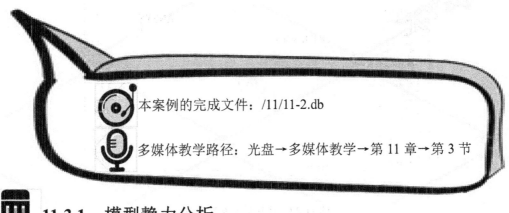

本案例的完成文件:/11/11-2.db

多媒体教学路径:光盘→多媒体教学→第 11 章→第 3 节

### 11.3.1 模型静力分析

**Step1** 设定分析类型,如图 11-26 所示。

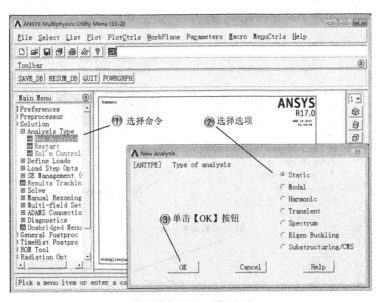

图 11-26 设定分析类型

⚡ **Step2** 选择类型参数命令，如图 11-27 所示。

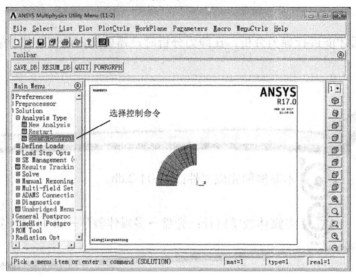

图 11-27　选择类型参数命令

⚡ **Step3** 设置类型参数，如图 11-28 所示。

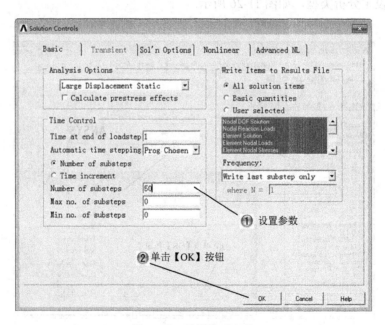

图 11-28　设置类型参数

# 第 11 章
## 橡胶圆筒受压分析案例

**Step4** 设置边界，如图 11-29 所示。

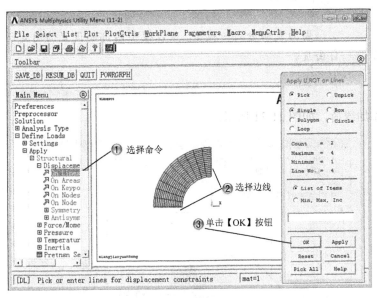

图 11-29　设置边界

**Step5** 设置自由度，如图 11-30 所示。

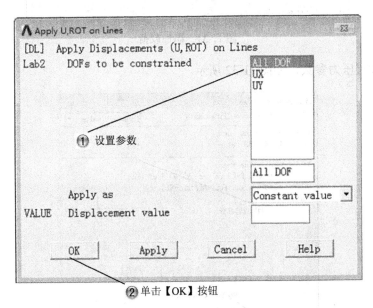

图 11-30　设置自由度

提示：

因为是四分之一模型，所以模型内部面设置为固定所有自由度。

**Step6** 添加载荷，如图 11-31 所示。

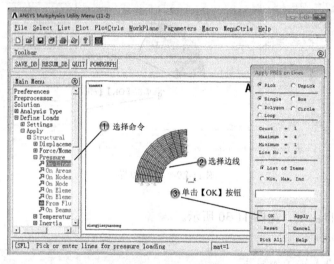

图 11-31　添加载荷

**Step7** 设置压力参数，如图 11-32 所示。

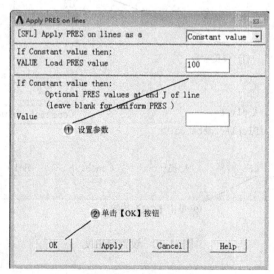

图 11-32　设置压力参数

# 第 11 章
## 橡胶圆筒受压分析案例

**Step8** 设置温度参数，如图 11-33 所示。

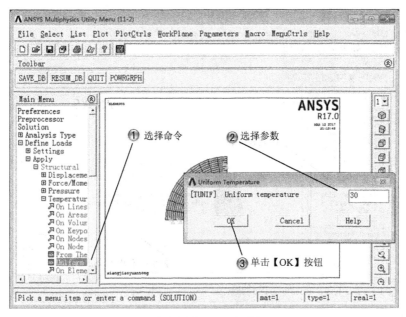

图 11-33 设置温度参数

**Step9** 选择分析对象，如图 11-34 所示。

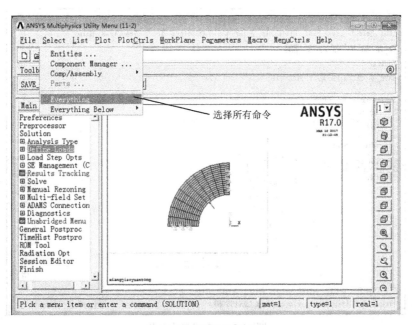

图 11-34 选择分析对象

**Step10** 求解计算，如图 11-35 所示。

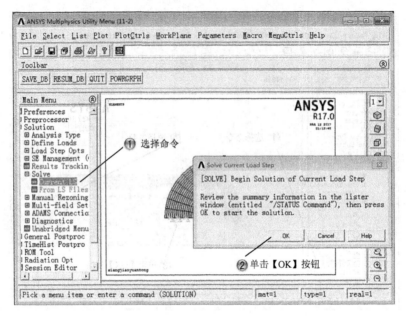

图 11-35　求解计算

**Step11** 完成静力分析，如图 11-36 所示。

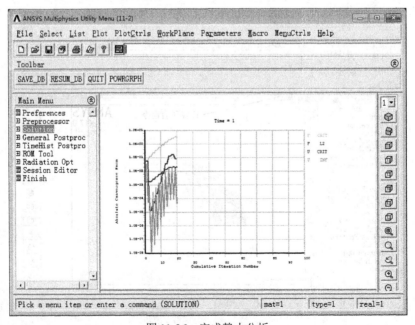

图 11-36　完成静力分析

# 第 11 章
## 橡胶圆筒受压分析案例

> **提示：**
> 静力分析看实际计算结果，一般会按照设置默认显示受力曲线。

### 11.3.2 模型后处理

**Step1** 查看结果列表，如图 11-37 所示。

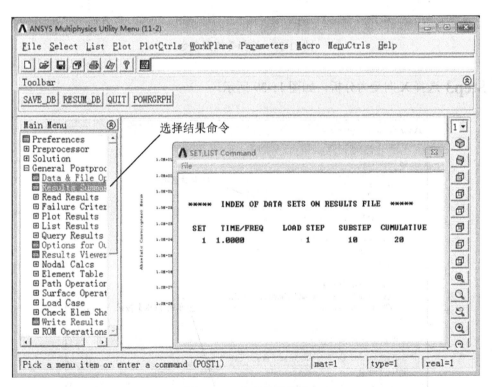

图 11-37 查看结果列表

**Step2** 选择等值图命令，如图 11-38 所示。

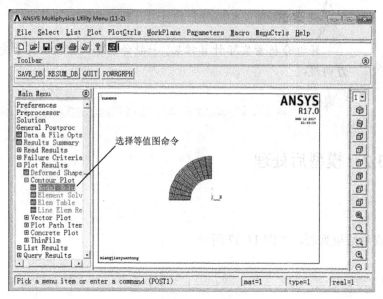

图 11-38 选择等值图命令

**Step3** 选择 X 向受力分析，如图 11-39 所示。

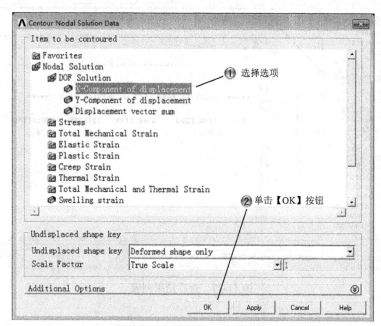

图 11-39 选择 X 向受力分析

# 第 11 章
橡胶圆筒受压分析案例

**Step4** 完成等值图,如图 11-40 所示。

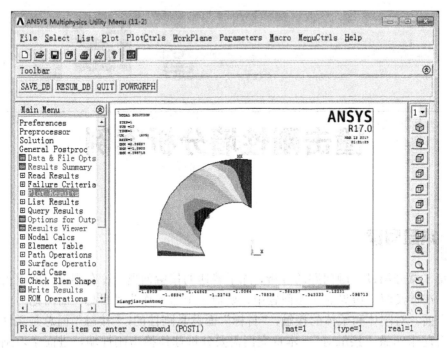

图 11-40　完成等值图

## 11.4　案例小结

本章案例主要介绍了弹性圆筒的受压分析,属于非线性分析的范畴,通过本章的学习,可以完整深入地掌握 ANSYS 非线性分析的各种功能和应用方法。

# 第 12 章

# 撞击刚性墙分析案例

 **本章导读**

在第 5 章介绍过接触问题的分析,除了普通的接触问题,还有刚性面或者柔性面接触问题。在涉及两个边界的接触问题中,要把一个边界作为"目标"面而把另一个作为"接触"面,对刚体和柔体的接触,"目标"面总是刚性的,"接触"面总是柔性面,这两个面合起来叫做"接触对"。本章案例需要分析球体撞击刚性墙,进而学习刚性体的接触分析方法。

| 学习要求 | 学习目标 知识点 | 了解 | 理解 | 应用 | 实践 |
|---|---|---|---|---|---|
| | 刚性和柔性体接触 | | √ | | |
| | 控制刚性目标的运动 | | √ | | |
| | 球体撞击刚性墙分析 | | √ | √ | √ |
| | | | | | |
| | | | | | |

## 12.1 案例分析

 **12.1.1 知识链接**

创建一个典型的面和面的刚性接触分析，一般有如下步骤，本章重点介绍定义刚性面、柔性面和刚性目标面运动的部分。

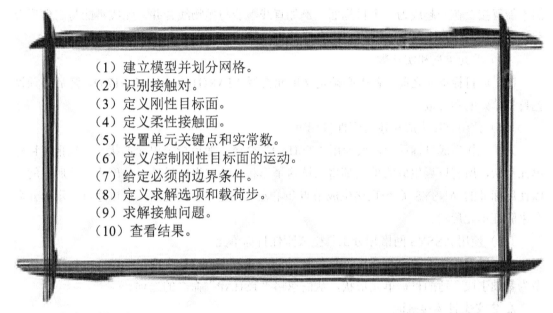

（1）建立模型并划分网格。
（2）识别接触对。
（3）定义刚性目标面。
（4）定义柔性接触面。
（5）设置单元关键点和实常数。
（6）定义/控制刚性目标面的运动。
（7）给定必须的边界条件。
（8）定义求解选项和载荷步。
（9）求解接触问题。
（10）查看结果。

**1. 定义刚性目标面**

刚性目标面可能是 2D 或 3D 的。在 2D 情况下，刚性目标面的形状可以通过一系列直线、圆弧和抛物线来描述，所有这些都可以用 TAPGE169 来表示。另外，可以使用它们的任意组合来描述复杂的目标面。在 3D 情况下，目标面的形状可以通过三角面、圆柱面、圆锥面和球面来描述，所有这些都可以用 TAPGE170 来表示，对于一个复杂的、任意形状的目标面，应该使用三角面来为它建模。

（1）控制节点

刚性目标面可能会和"pilot 节点"联系起来，它实际上是一个只有一个节点的单元，通过这一个节点的运动可以控制整个目标面的运动，因此，可以把 pilot 节点作为刚性目标的控制器。整个目标面的受力和转动情况可以通过 pilot 节点表示出来，"pilot 节点"可能是目标单元的一个节点，也可能是一个任意位置的节点，只有当需要转动或存在力矩载荷时，"pilot 节点"的位置才是重要的，如果定义了"pilot 节点"，ANSYS 程序只在"pilot 节点"上检查边界条件，而会忽略其他节点上的任何约束。

> **提示：**
> 对于圆、圆柱、圆锥和球的基本图段，ANSYS 总是使用一个节点作为"pilot 节点"。

（2）基本原型

需要使用基本几何形状来模拟目标面，例如，圆、圆柱、圆锥、球。有些基本原型虽然不能直接合在一起成为一个目标面，例如直线不能与抛物线合并，弧线不能与三角形合并等，但可以给每个基本原型指定它自己的实常数号。

（3）单元类型和实常数

在生成目标单元之前，首先必须定义单元类型（TARG169 或 TARG170），随后必须设置目标单元的实常数。

（4）使用直接生成法建立刚性目标单元

为了直接生成目标单元，要使用"TSHAP"命令。随后指定单元形状，一旦指定目标单元形状，所有以后生成的单元都将保持这个形状，除非指定另外一种形状。然后，就可以使用标准的 ANSYS 命令直接生成节点和单元。在建立单元之后，可以通过显示单元命令来验证单元形状。

（5）使用 ANSYS 网格划分工具生成刚性目标单元

也可以使用标准的 ANSYS 网格划分功能，让程序自动地生成目标单元，将以实体模型为基础生成合适的目标单元形状，从而忽略"TSHAP"命令的选项。

**2. 定义柔性体接触面**

为了定义柔性体的接触面，必须使用接触单元 CONTA171、CONTA172（2D）、CONTA173 或 CONTA174（3D）来定义表面。

程序通过组成变形体表面的接触单元来定义接触表面，接触单元与下面覆盖的变形体单元有同样的几何特性，接触单元与下面覆盖的变形体单元必须处于同一阶次（低阶或高阶）。下面的变形体单元可能是实体单元、壳单元、梁单元或超单元，接触面可能是壳或梁单元的任何一边。

与目标面单元一样，必须定义接触面的单元类型，然后选择正确的实常数号（实常数号必须与它对应目标的实常数号相同），最后生成接触单元。不能在高阶柔性体单元的表面上分成低阶接触单元，反之也不行，不能在高阶接触单元上消去中节点。

在定义了单元类型之后，需要选择正确的实常数设置，每个接触对的接触面和目标面必须有相同的实常数号，而每个接触对必须有它自己不同的实常数号。

可以通过直接生成法生成接触单元，也可以在柔性体单元的外表面上自动生成接触单元，推荐采用自动生成法，这种方法更为简单和可靠。

(1) CONTA171：是一个 2D 的 2 个节点的低阶线性单元，可能位于 2D 实体、壳或梁单元的表面。

(2) CONTA172：是一个 2D 的 3 个节点的高阶抛物线形单元，可能位于有中节点的 2D 实体或梁单元的表面。

(3) CONTA173：是一个 3D 的 4 个节点的低阶四边形单元，可能位于 3D 实体或壳单元的表面，它可能退化成一个 D 节点的三角形单元。

(4) CONTA174：是一个 3D 的 8 个节点的高阶四边形单元，可能位于有中节点的 3D 实体或壳单元的表面，它可能退化成 6 个节点的三角形单元。

**3. 控制刚性目标的运动**

按照物体的原始外形来建立的刚性目标面，面的运动是通过给定"pilot"节点来定义的。如果没有定义"pilot"节点，则通过刚性目标面上的不同节点来定义。

为了控制整个目标面的运动，在下面的任何情况下都必须使用"pilot"节点：目标面上有给定的外力；目标面发生旋转；目标面和其他单元相连（例如结构质量单元）。

"pilot"节点的厚度代表着整个刚性面的运动，可以在"pilot"节点上给定边界条件（位移、初速度、集中载荷、转动等），为了考虑刚体的质量，在"pilot"节点上需要定义一个质量单元。

当使用"pilot"节点时，需要记住下面的几点局限性。

(1) 每个目标面只能有一个"Pilot"的节点。

(2) 圆、圆锥、圆柱、球的第一个节点是"pilot"节点，不能另外定义或改变"pilot"节点。

(3) 程序忽略不是"pilot"节点的所有其他节点上的边界条件。

(4) 只有"pilot"节点能与其他单元相连。

(5) 当定义了"pilot"节点后，不能使用约束方程（CF）或节点耦合（CP）来控制目标面的自由度；如果在刚性面上给定任意载荷或者约束，必须定义"pilot"节点，并在"pilot"节点上加载；如果没有使用"pilot"节点，只能有刚体运动。

在每个载荷步的开始，程序检查每个目标面的边界条件，如果下面的条件都满足，那么程序将目标面作为固定处理：在目标面节点上没有明确定义边界条件或给定力；目标面节点没有和其他单元相连；目标面节点没有使用约束方程或节点耦合。

在每个载荷步的末尾，程序将放松被内部设置的约束条件。

### 12.1.2 设计思路

如图 12-1 所示，一个圆柱形物体以 100m/s 的速度撞击刚性墙，墙壁面没有摩擦。需要对该撞击过程进行分析。柱体的材料参数为：弹性模量 E=117GPa，泊松比为 0.3，密度为 8900kg/m³，剪切模量为 200MPa，屈服强度为 400MPa。

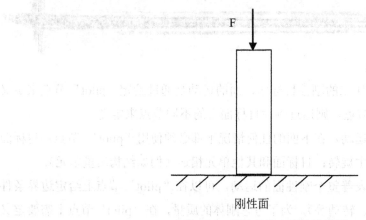

图 12-1 圆柱体撞击刚性墙模型

根据轴的对称性，选择圆柱体截面建立模型，选择非线性 BISCO106 粘塑性单元进行求解，该单元专门用于解决大应变、大塑性变形工程问题。

## 12.2 案例设置

创建圆柱模型只需要创建一半的部分即可，创建网格的时候使用手动设置完成。

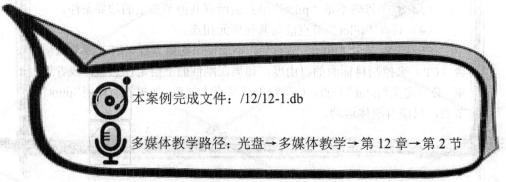

本案例完成文件：/12/12-1.db

多媒体教学路径：光盘→多媒体教学→第 12 章→第 2 节

### 12.2.1 创建模型

**Step1** 添加单元类型,如图 12-2 所示。

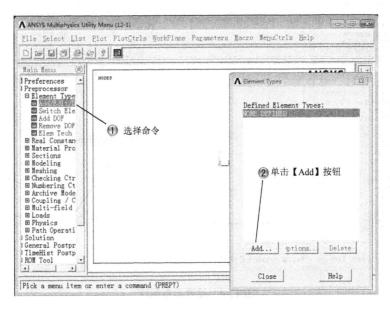

图 12-2 添加单元类型

**Step2** 设置单元类型,如图 12-3 所示。

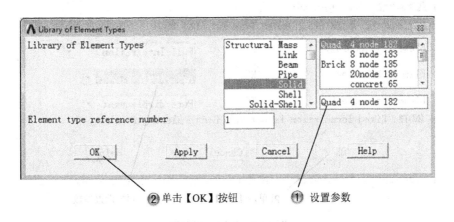

图 12-3 设置单元类型

**Step3** 设置类型属性，如图 12-4 所示。

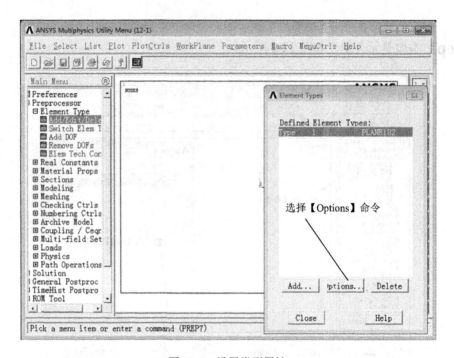

图 12-4　设置类型属性

**Step4** 设置类型参数，如图 12-5 所示。

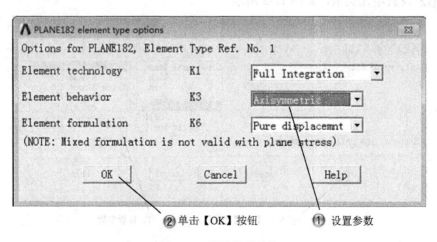

图 12-5　设置类型参数

# 第 12 章 撞击刚性墙分析案例

**Step5** 选择材料属性命令，如图 12-6 所示。

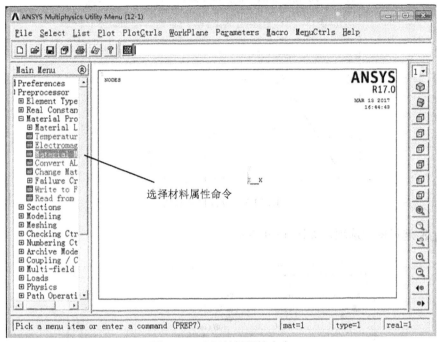

图 12-6　选择材料属性命令

**Step6** 选择材料属性选项，如图 12-7 所示。

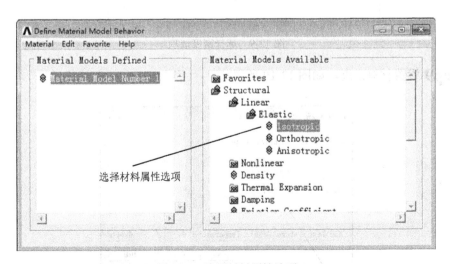

图 12-7　选择材料属性选项

**Step7** 设置材料参数,如图 12-8 所示。

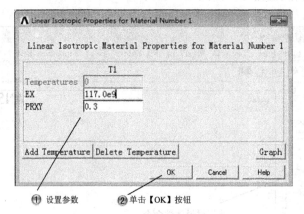

图 12-8  设置材料参数

**Step8** 选择密度选项,如图 12-9 所示。

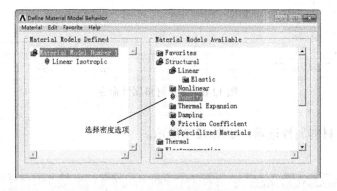

图 12-9  选择密度选项

**Step9** 设置材料密度,如图 12-10 所示。

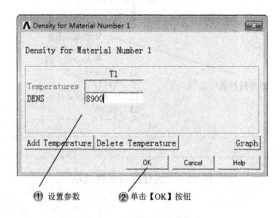

图 12-10  设置材料密度

**Step10** 选择双线性选项,如图 12-11 所示。

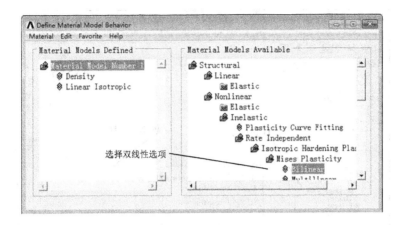

图 12-11 选择双线性选项

**Step11** 设置材料其余参数,如图 12-12 所示。

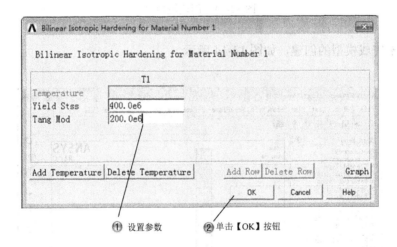

图 12-12 设置材料其余参数

> 提示:
> 模型的材料参数设置为钢,这里并不设置载荷,而设置物体的质量和速度。

**Step12** 创建模型面，如图 12-13 所示。

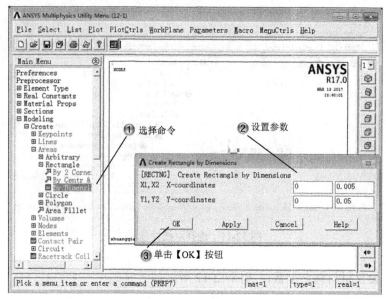

图 12-13　创建模型面

**Step13** 完成模型的创建，如图 12-14 所示。

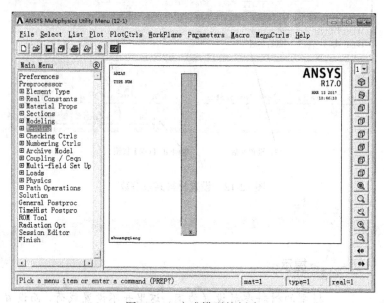

图 12-14　完成模型的创建

## 12.2.2 模型网格化

**Step1** 边线划分，如图 12-15 所示。

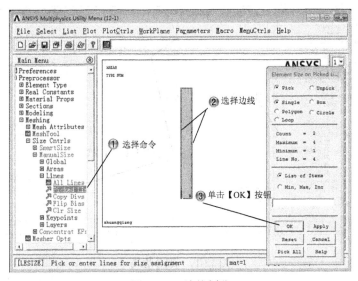

图 12-15 边线划分

**Step2** 设置划分参数，如图 12-16 所示。

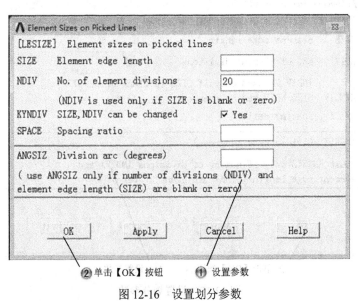

图 12-16 设置划分参数

**Step3** 划分边线，如图 12-17 所示。

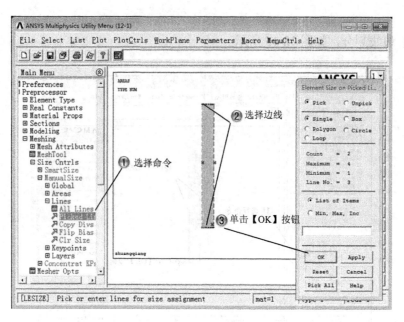

图 12-17　划分边线

**Step4** 设置划分参数，如图 12-18 所示。

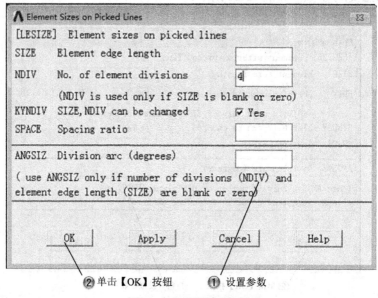

图 12-18　设置划分参数

# 第 12 章
## 撞击刚性墙分析案例

**Step5** 划分网格,如图 12-19 所示。

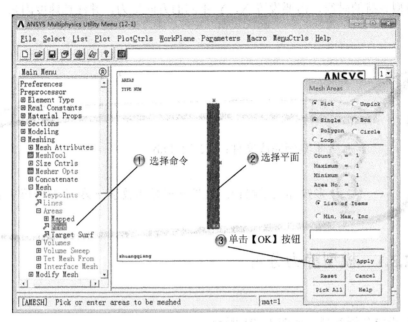

图 12-19　划分网格

**Step6** 完成网格划分,如图 12-20 所示。

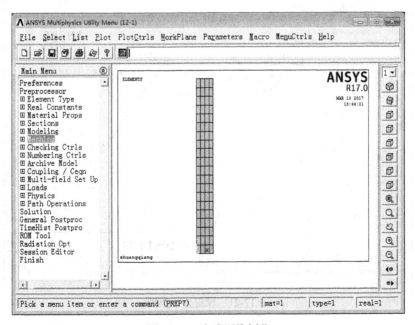

图 12-20　完成网格划分

## 12.3 分析结果

设置模型载荷的时候，需要设置 X、Y 不同的方向受力，并注意速度因素，得到等值图结果。

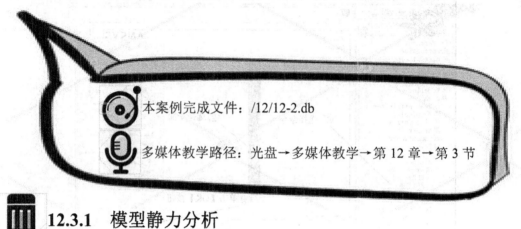

本案例完成文件：/12/12-2.db

多媒体教学路径：光盘→多媒体教学→第 12 章→第 3 节

### 12.3.1 模型静力分析

**Step1** 设定分析类型，如图 12-21 所示。

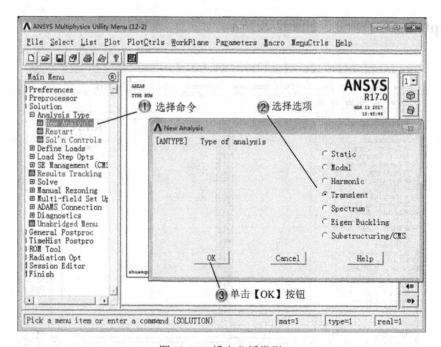

图 12-21　设定分析类型

**Step2** 设置分析参数，如图 12-22 所示。

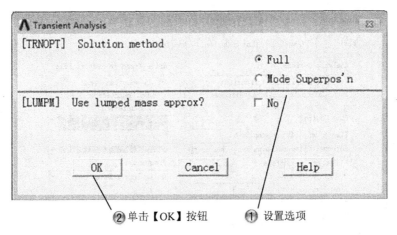

图 12-22　设置分析参数

**Step3** 选择类型参数命令，如图 12-23 所示。

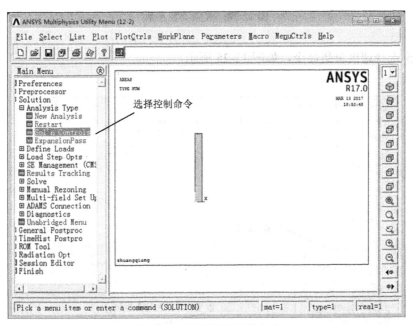

图 12-23　选择类型参数命令

**Step4** 设置类型参数，如图 12-24 所示。

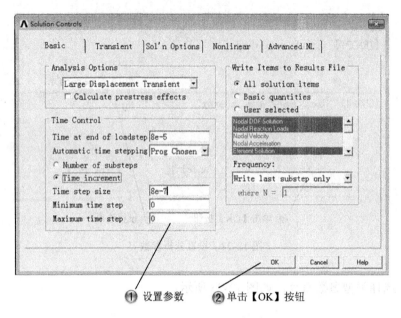

图 12-24　设置类型参数

**Step5** 选择速度参数命令，如图 12-25 所示。

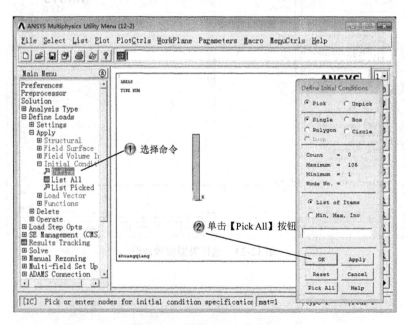

图 12-25　选择速度参数命令

# 第 12 章
## 撞击刚性墙分析案例

⚡ **Step6** 设置速度参数，如图 12-26 所示。

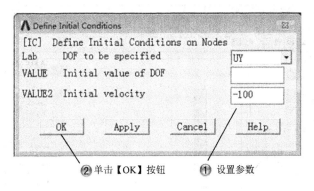

图 12-26 设置速度参数

 提示：

数字参数为负值时，表示方向是相反的。

⚡ **Step7** 设置选择对象，如图 12-27 所示。

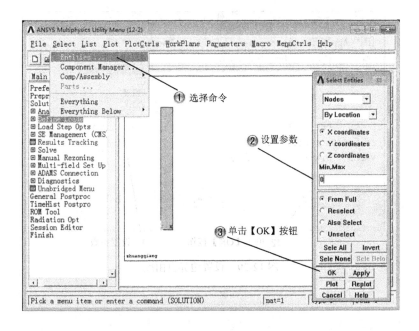

图 12-27 设置选择对象

**Step8** 设置边界，如图 12-28 所示。

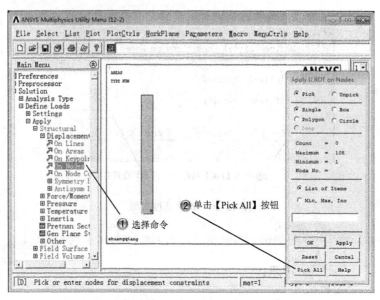

图 12-28　设置边界

**Step9** 设置边界自由度，如图 12-29 所示。

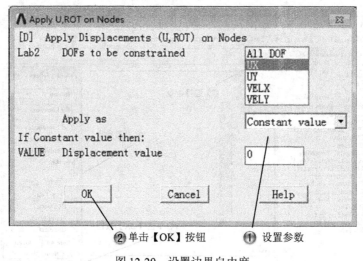

图 12-29　设置边界自由度

# 第 12 章
## 撞击刚性墙分析案例

**Step10** 设置选择对象,如图 12-30 所示。

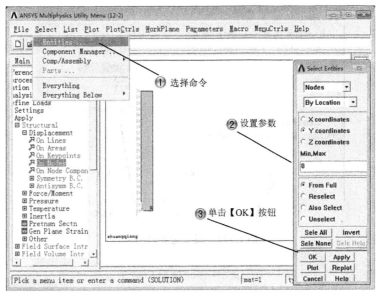

图 12-30 设置选择对象

**Step11** 设置边界,如图 12-31 所示。

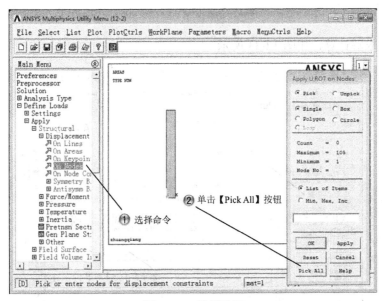

图 12-31 设置边界

**Step12** 设置边界自由度，如图 12-32 所示。

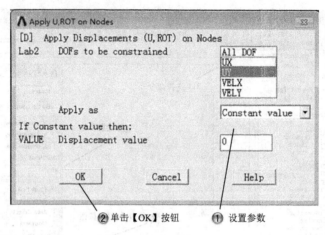

图 12-32　设置边界自由度

> **提示：**
> 这里限制一半的边线自由度，是因为模型是实际物体的一半。

**Step13** 求解计算，如图 12-33 所示。

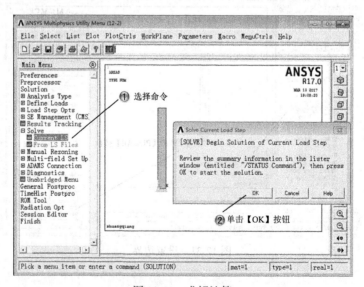

图 12-33　求解计算

## 12.3.2 后处理

**Step1** 选择等值图命令,如图 12-34 所示。

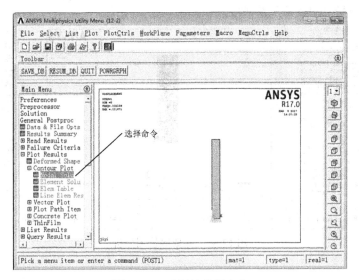

图 12-34 选择等值图命令

**Step2** 设置参数选项,如图 12-35 所示。

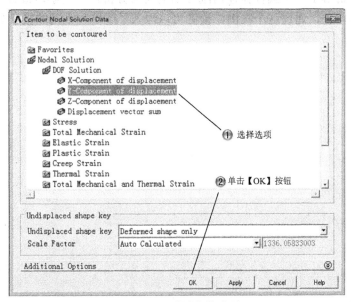

图 12-35 设置参数选项

**Step3** 完成等值图分析，如图 12-36 所示。

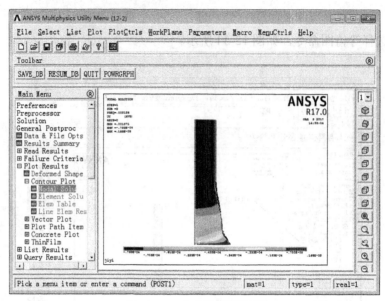

图 12-36　完成等值图分析

## 12.4　案例小结

本章的案例讲解了一个圆柱体撞击刚性墙的受力分析，主要学习接触分析当中的刚性面和柔性面接触问题，通过这个案例，读者可以深入了解这种不同的接触分析形式。

# 第 13 章

# 复合材料梁弯曲分析案例

**本章导读**

在 ANSYS 创建模型阶段,自由度和载荷设置是重点。自由度也称节点自由度,是有限元求解过程中的唯一变量。不同分析中,集中力载荷对应的物理量不同。本章案例介绍了 ANSYS 弯曲分析的流程,讲解了其中参数的设置方法与功能,对复合材料的弯曲分析功能进行了具体的示范。

| | 学习目标 | | | | |
|---|---|---|---|---|---|
| | 知识点 | 了解 | 理解 | 应用 | 实践 |
| 学习要求 | 自由度理论 | | √ | √ | |
| | 集中力载荷 | | √ | √ | |
| | 复合材料梁弯曲分析 | | √ | √ | √ |
| | | | | | |
| | | | | | |

## 13.1 案例分析

 **13.1.1 知识链接**

**1. 自由度约束**

在自由度的概念中,有限元计算最终得到的自由度值称为基本解(Basic Solution)。基本解的意思是其他感兴趣的结果可以通过基本解的数学运算得到。例如,磁场计算的 DOF 是磁势 A,一旦计算出各个节点的磁势 A,用户就可以方便地计算出对应的磁通量密度 B 等结果。

 提示:

这些由基本解通过对应数学运算得到的量称为派生解(Derived Solution)。

一般来说,与其他载荷类型不同,自由度约束并不扮演激励源的角色。也就是说,它只作为分析所需要的重要参量,是有限元分析所计算的量。尽管自由度约束通常不作为激励源出现,在大多数分析中,无论分析类型如何,都需要施加相应的自由度约束。并且自由度约束一般当作边界条件加载在模型上。

表 13-1 列出了各种分析类型中,可施加的常用自由度约束与对应的 ANSYS 标识符。

表 13-1 不同分析类型中的自由度约束

| 分析类型 | 自由度 | ANSYS 标识符 |
|---|---|---|
| 结构分析 | 平移 | UX, UY, UZ |
| | 旋转 | ROTX, ROTY, ROTZ |
| 热分析 | 温度 | TEMP |
| 磁场分析 | 矢量势 | AX, AY, AZ |
| | 标量势 | MAG |
| 电场分析 | 电压 | VOLT |

 提示:

各自由度约束的方向是基于节点坐标系的。

从载荷加载方式中可以知道,自由度约束可以直接加载到有限元载荷的节点上,也可以施加到实体模型的关键点、线和面上。

**2. 集中力载荷**

从字面意义上看,集中力是将力集中到某点上。所以,集中力载荷只能施加到节点或关键点上。在集中力载荷中,包含不同的内容,例如电场分析中的集中力载荷包括电流(AMPS)和电荷(CHRG)。而磁场分析中的集中力载荷包括电流段(CSGX、CSGY、CSGZ)和磁通量(FLUX)以及电荷(CHRG)等。

表 13-2 列出了各分析类型中,可用的集中力载荷以及与之对应的 ANSYS 标识符。

表 13-2 集中力载荷以及 ANSYS 标识

| 分析类型 | 集中力载荷 | ANSYS 标识符 |
| --- | --- | --- |
| 结构分析 | 力 | FX, FY, FZ |
| | 力矩 | MX, MY, MZ |
| 热力分析 | 热流速度 | HEAT |
| 磁场分析 | 电流段 | CSGX, CSGY, CSGZ |
| | 磁通量 | FLUX |
| | 电荷 | CHRG |
| 电场分析 | 电流 | AMPS |
| | 电荷 | CHRG |

提示:

集中力载荷的方向是基于节点坐标系的。

### 13.1.2 设计思路

如图 13-1 所示,是一段复合材料梁的模型,长度为 10in,宽度为 1in,高度为 2in,在一个自由端受力 F=10000lb,另一端固定,梁体由多层构成,每层有指定的材料特性和厚度。其拉压破坏应力为 25000psi 和 3000psi,剪切破坏应力为 5000psi 和 500psi。

梁体的弹性模量 $E=30\times10^6$ psi,需要分析复合梁体的剪切应力情况。模型可以划分为多个单元进行求解,分析求得多列赋值。

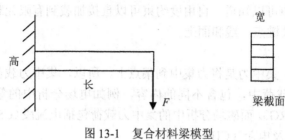

图 13-1　复合材料梁模型

## 13.2　案例设置

创建的模型部分是梁的一部分，因此涉及分析也是复合梁截面的一部分。因为 ANSYS 一些材料属性已经不用实常数，所以，要在【Creat and Modify Shell Section】对话框进行设置。

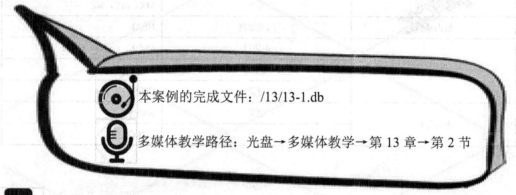

本案例的完成文件：/13/13-1.db

多媒体教学路径：光盘→多媒体教学→第 13 章→第 2 节

### 13.2.1　创建模型

**Step1** 设置对话框显示，如图 13-2 所示。

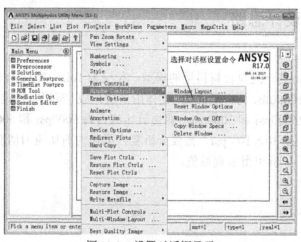

图 13-2　设置对话框显示

# 第13章 复合材料梁弯曲分析案例

**Step2** 设置显示参数，如图13-3所示。

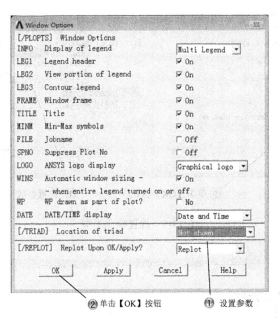

图13-3 设置显示参数

**Step3** 添加单元类型，如图13-4所示。

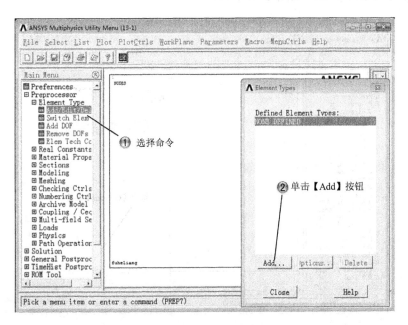

图13-4 添加单元类型

**Step4** 设置单元类型，如图 13-5 所示。

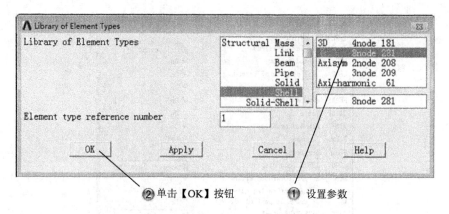

图 13-5　设置单元类型

 提示：

模型采用壳体单元，共有 4 层，每层都有材料特性。

**Step5** 设置属性参数，如图 13-6 所示。

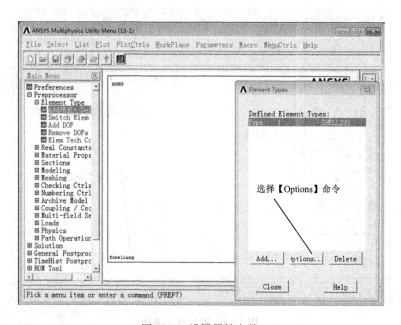

图 13-6　设置属性参数

**Step6** 选择属性参数选项，如图 13-7 所示。

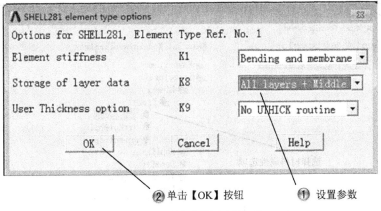

图 13-7　选择属性参数选项

**Step7** 设置材料属性，如图 13-8 所示。

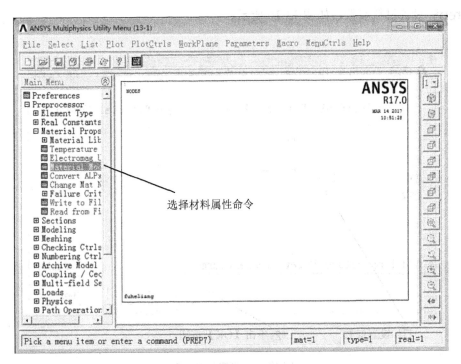

图 13-8　设置材料属性

**Step8** 选择材料属性选项，如图 13-9 所示。

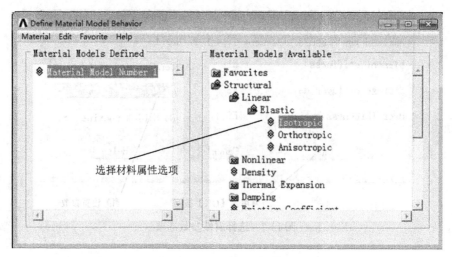

图 13-9 选择材料属性选项

**Step9** 设置材料参数，如图 13-10 所示。

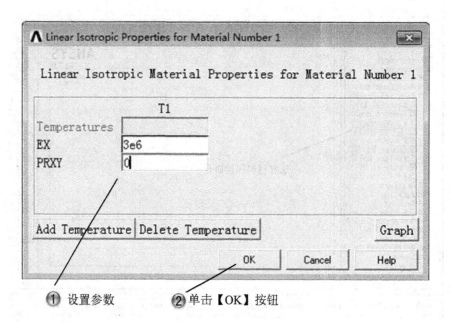

① 设置参数　② 单击【OK】按钮

图 13-10 设置材料参数

**Step10** 设置层单元，如图 13-11 所示。

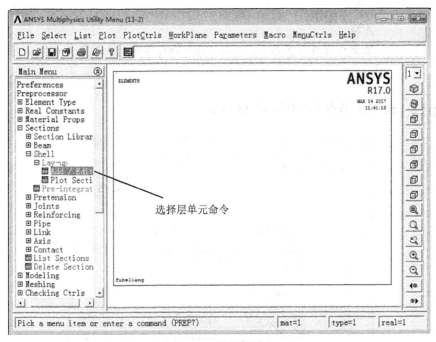

图 13-11　设置层单元

**Step11** 设置层的参数，如图 13-12 所示。

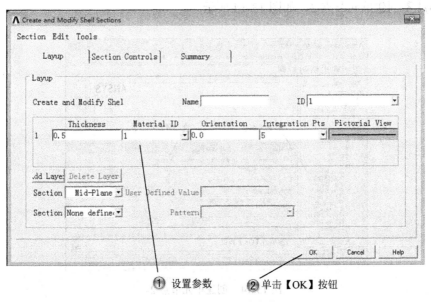

图 13-12　设置层的参数

> **提示：**
> 这里应该设置多层数据，为了简化操作步骤，只设置了一层。

**Step12** 创建单元节点1，如图13-13所示。

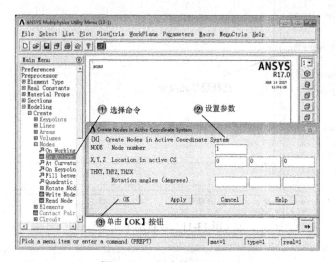

图13-13　创建单元节点1

**Step13** 创建单元节点2，如图13-14所示。

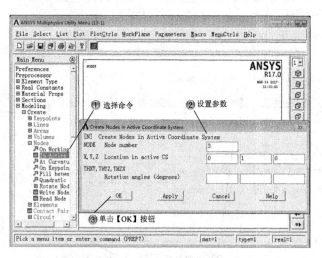

图13-14　创建单元节点2

**Step14** 创建中间节点，如图 13-15 所示。

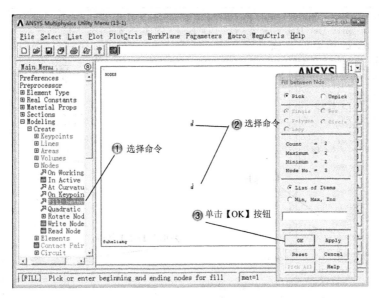

图 13-15  创建中间节点

**Step15** 设置中间点参数，如图 13-16 所示。

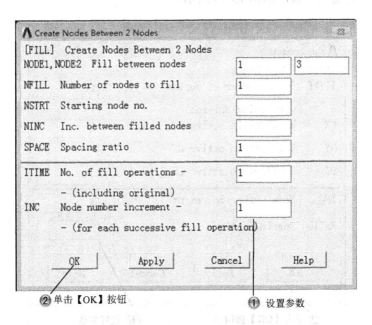

图 13-16  设置中间点参数

**Step16** 复制节点，如图 13-17 所示。

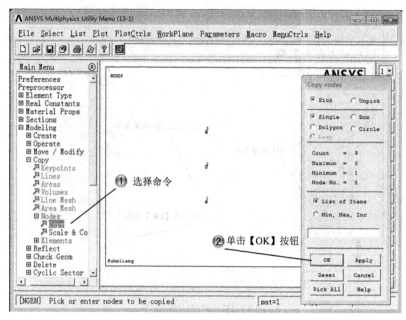

图 13-17　复制节点

**Step17** 设置复制参数，如图 13-18 所示。

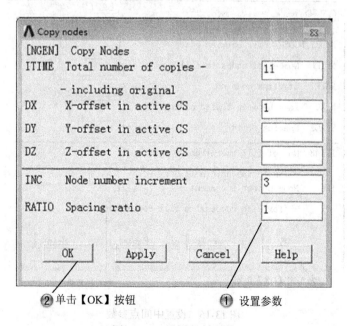

图 13-18　设置复制参数

**Step18** 创建单元，如图 13-19 所示。

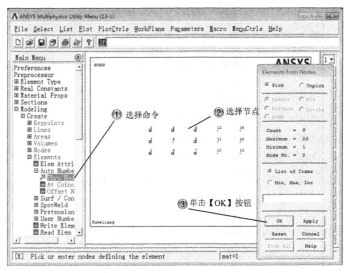

图 13-19　创建单元

> 提示：
> 点的选择顺序为 1,7,9,3,4,8,6,2，不能错乱。

**Step19** 复制单元，如图 13-20 所示。

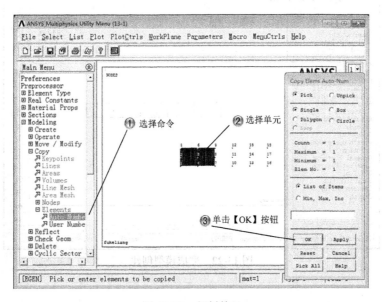

图 13-20　复制单元

**Step20** 设置复制参数，如图 13-21 所示。

图 13-21　设置复制参数

**Step21** 完成模型创建，如图 13-22 所示。

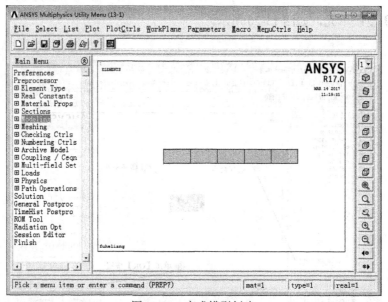

图 13-22　完成模型创建

## 13.2.2 添加载荷

**Step1** 设置选择对象,如图 13-23 所示。

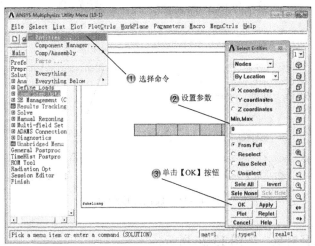

图 13-23 设置选择对象

提示:

原则上还应该设置破坏准则,在 "Define Material Model Behavior" 对话框设置即可。

**Step2** 设置边界,如图 13-24 所示。

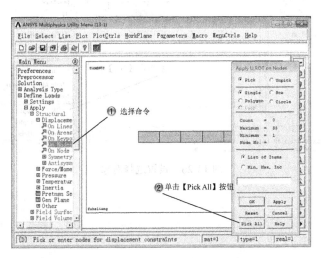

图 13-24 设置边界

**Step3** 设置位移约束，如图 13-25 所示。

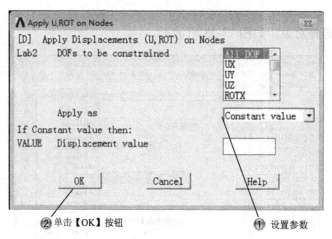

图 13-25　设置位移约束

**Step4** 设置选择对象，如图 13-26 所示。

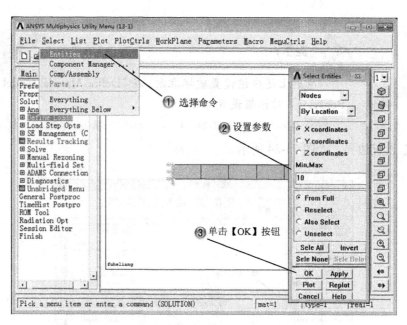

图 13-26　设置选择对象

**Step5** 定义节点耦合度，如图 13-27 所示。

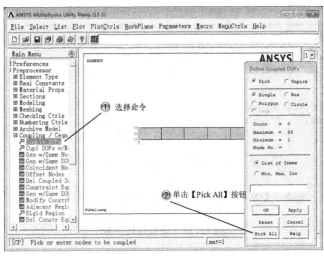

图 13-27　定义节点耦合度

**Step6** 设置方向，如图 13-28 所示。

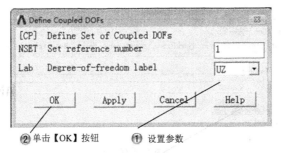

图 13-28　设置方向

**Step7** 添加载荷，如图 13-29 所示。

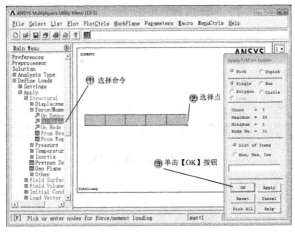

图 13-29　添加载荷

**Step8** 设置载荷参数，如图 13-30 所示。

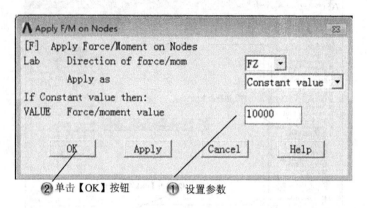

图 13-30　设置载荷参数

**Step9** 选择所有对象，如图 13-31 所示。

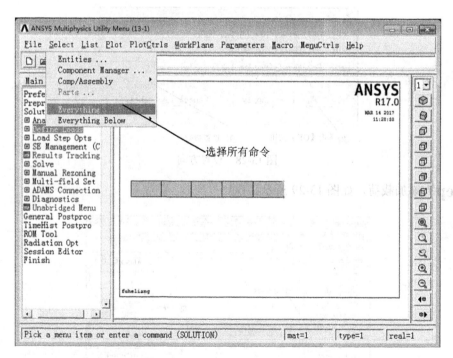

图 13-31　选择所有对象

## 13.3 分析结果

由于模型分为多层，这里只进行单一层的计算分析，在分析结果中要查看应力云图和等值图。

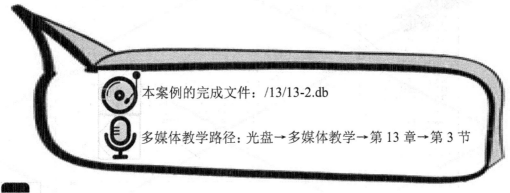

 **13.3.1 弯曲分析**

**Step1** 设定分析类型，如图 13-32 所示。

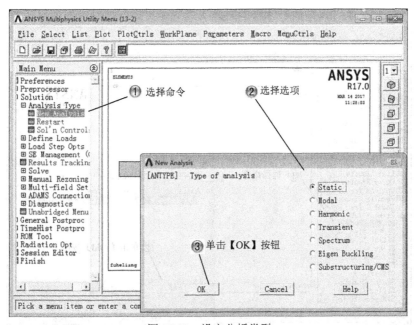

图 13-32 设定分析类型

**Step2** 求解计算，如图 13-33 所示。

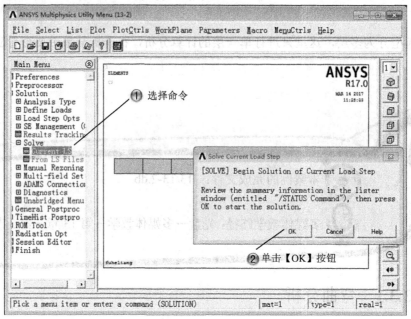

图 13-33　求解计算

**Step3** 定义切应力表格参数，如图 13-34 所示。

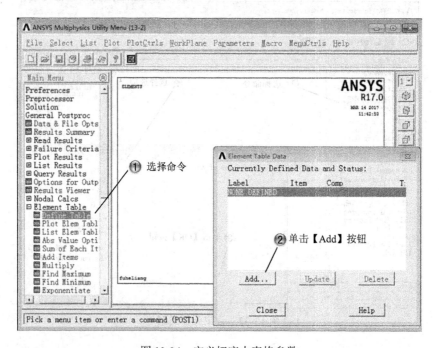

图 13-34　定义切应力表格参数

# 第 13 章
## 复合材料梁弯曲分析案例

**Step4** 设置参数，如图 13-35 所示。

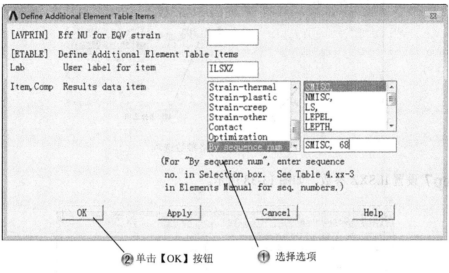

图 13-35　设置参数

**Step5** 获取表格参数，如图 13-36 所示。

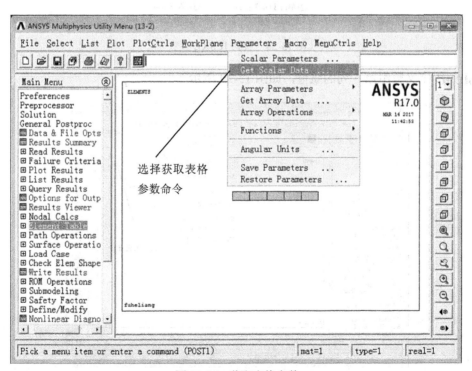

图 13-36　获取表格参数

**Step6** 选择表格参数选项，如图 13-37 所示。

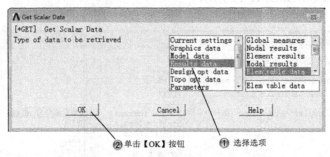

图 13-37 选择表格参数选项

**Step7** 设置 ILSXZ 参数，如图 13-38 所示。

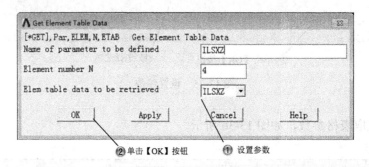

图 13-38 设置 ILSXZ 参数

**Step8** 定义数组第一列的赋值，如图 13-39 所示。

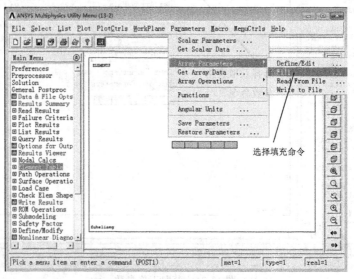

图 13-39 定义数组第一列的赋值

**Step9** 选择赋值选项，如图 13-40 所示。

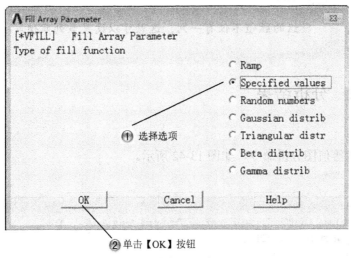

图 13-40　选择赋值选项

**Step10** 设置数值，如图 13-41 所示。

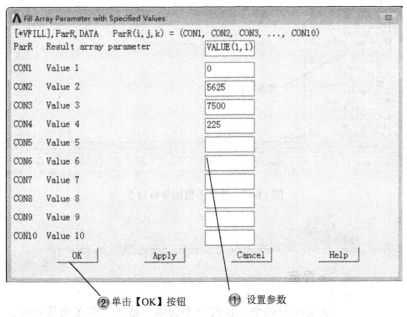

图 13-41　设置数值

> 提示:
>
> 数组的赋值不仅有一列,这里可以设置多列赋值。

### 13.3.2 分析结果

**Step1** 选取等值图分析命令,如图 13-42 所示。

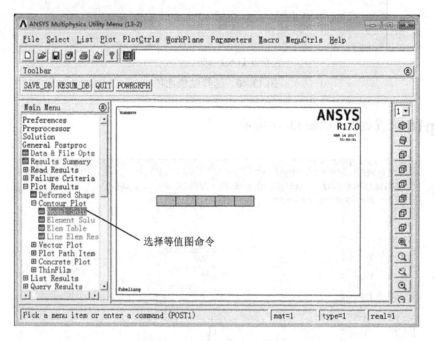

图 13-42  选取等值图分析命令

> 提示:
>
> 在实际问题中,任何一个物体严格地说都是空间物体,它所受的载荷一般都是空间的,任何简化分析都会带来一定的误差。

**Step2** 选择方向选项，如图 13-43 所示。

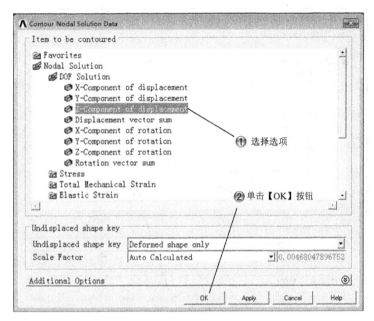

图 13-43　选择方向选项

**Step3** 选择应力图命令，如图 13-44 所示。

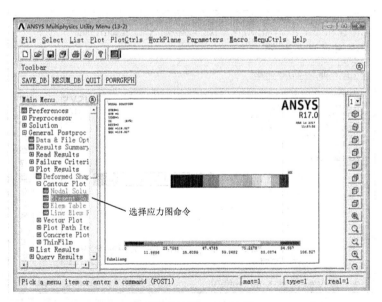

图 13-44　选择应力图命令

**Step4** 选择应力云图选项，如图 13-45 所示。

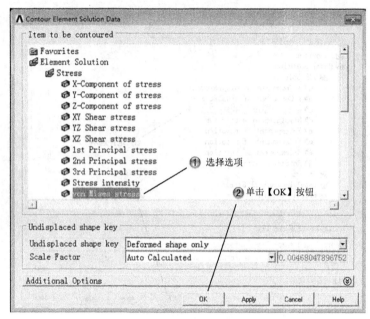

图 13-45　选择应力云图选项

**Step5** 应力云图结果如图 13-46 所示。

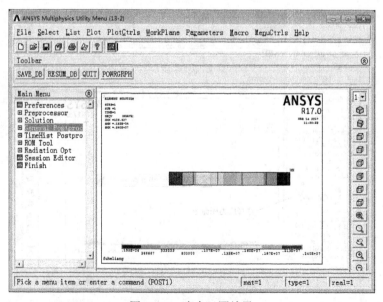

图 13-46　应力云图结果

## 13.4　案例小结

　　本章是对前面章节的补充，介绍了 ANSYS 自由度和载荷的理论和设置，通过本章的练习以及复合材料梁的弯曲分析，读者可以轻松掌握此分析的操作方法。

# 第 14 章

# 板状构件疲劳分析案例

## 本章导读

疲劳分析是在 ANSYS 线性静力分析之后,通过设计仿真自动执行的。对疲劳工具的添加,无论在求解之前还是之后都没有关系,因为疲劳计算并不依赖应力分析计算。尽管疲劳与循环或重复载荷有关,但使用的结果却基于线性静力分析,而不是谐响应分析。尽管在模型中也可能存在非线性,处理时却要谨慎,因为疲劳分析是假设线性行为的。

本章将阐述疲劳分析的基本概念、疲劳强度的主要影响因素、疲劳强度设计的 S-N 曲线等。最后,还将介绍对板状构件进行疲劳强度分析的案例。

| 学习要求 | 知识点 \ 学习目标 | 了解 | 理解 | 应用 | 实践 |
|---|---|---|---|---|---|
| | 疲劳分析理论 | | √ | | |
| | 影响疲劳强度的因素 | | √ | | |
| | ANSYS 疲劳分析的要点 | | √ | √ | |
| | 板状构件的疲劳分析 | | √ | √ | √ |
| | | | | | |
| | | | | | |

# 14.1 案例分析

 **14.1.1 知识链接**

**1. 疲劳概述**

零件或构件由于交变载荷的反复作用,在它所承受的交变应力尚未达到静强度设计的许可应力情况下,就会在零件或构件的局部位置产生疲劳裂纹并扩展断裂,这种现象称为疲劳破坏。提高构件疲劳强度的基本途径主要有两种。一种是机械设计的方法,主要有优化或改善缺口形状,改进加工工艺工程和质量等手段,将危险点的峰值应力降下来;另一种是材料冶金的方法,即用热处理手段将危险点局部区域的疲劳强度提高,或者是提高冶金质量,来减少金属基体中的非金属夹杂等材料缺陷。在解决实际工程问题时,往往需要结合运用以上两种方法进行疲劳强度设计和研究。合理地利用各种提高疲劳强度的手段,可以有效地提高构件的疲劳强度或延长其疲劳寿命,并起到轻量化的作用。

关于疲劳问题的研究,基本上可分为疲劳裂纹的形成和扩展机理、规律方面的基础性研究和疲劳强度设计,以及提高疲劳强度的有效途径等应用性研究。

零件或构件发生疲劳破坏的动载荷称为疲劳载荷,可分为两类。一类是其大小和正负方向随时间周期性变化的交变载荷,另一类是大小和正负方向随时间随机变化的随机载荷。交变载荷又称为循环载荷,是最为简单和基本的疲劳载荷形式。所研究结构部位因交变载荷引起的应力称为交变应力。

图 14-1 是一个典型的交变应力-时间的变化历程。一个周期的应力变化过程称为一个应力循环。应力循环特点可用循环中的最大应力 $\sigma_{max}$、最小应力 $\sigma_{min}$ 和周期 $T$(或频率 $f=1/T$)来描述。

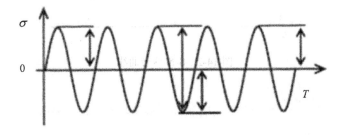

图 14-1 疲劳应力-时间载荷曲线

**2. 应力-寿命 S-N 曲线**

载荷与疲劳失效的关系采用应力-寿命曲线或 S-N 曲线来表示,其含义如下。

(1) 若某一部件承受循环载荷，经过一定的循环次数后，该部件裂纹或破坏将会发展，而且有可能导致失效。

(2) 如果同一个部件作用在更高的载荷下，导致失效的载荷循环次数将减少。

(3) 应力-寿命曲线或 S-N 曲线展示应力幅与失效循环次数的关系。

　　S-N 曲线是通过对试件做疲劳测试，从而反映单轴的应力状态，如图 14-2 所示。影响 S-N 曲线的因素很多，其中需要注意的是：材料的延展性，材料的加工工艺，几何形状信息，包括表面光滑度、残余应力，以及应力集中，载荷环境，包括平均应力、温度和化学环境，例如，压缩平均应力比零平均应力的疲劳寿命长。

　　如果疲劳数据（S-N 曲线）是从反映单轴应力状态的测试中得到的，那么在计算寿命时就要注意：设计仿真为用户提供了如何把结果和 S-N 曲线相关联的选择，包括多轴应力的选择；双轴应力结果有助于计算在给定位置的情况。

　　平均应力影响疲劳寿命，并且在 S-N 曲线的上方位置与下方位置之间变换（反映出在给定应力幅下的寿命长短）；对于不同的平均应力或应力比值，设计仿真允许输入多重 S-N 曲线（实验数据）；如果没有太多的多重 S-N 曲线（实验数据），那么设计仿真也允许采用多种不同的平均应力修正理论。早先曾提到影响疲劳寿命的其他因素，也可以在设计仿真中用一个修正因子来解释。

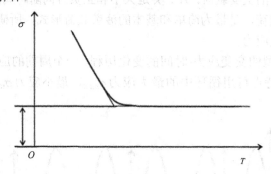

图 14-2　S-N 疲劳曲线

 提示：

需要注意的是，一个部件通常经受多轴应力状态。

### 3. 影响疲劳强度的因素

（1）缺口形状效应

零件或构件常常带有如轴肩类的台阶、螺栓孔和油孔、键槽等所谓的缺口。缺口处的应力集中是造成零部件疲劳强度大幅度下降的最主要因素。应力集中使得缺口根部的实际应力远大于名义应力，使该处产生疲劳裂纹，最终导致零件失效或破坏。应力集中的程度用应力集中系数（又称理论应力集中系数）$K_t$来描述，表达式如下：

$$K_t = \sigma_{max}/\sigma_0$$

（2）零件尺寸效应

用于疲劳试验式样的直径一般都在较小的范围内，这和实际零部件的尺寸有很大的差异。一般来说，对于弯曲和扭转载荷下的零件，随着尺寸的增大，疲劳强度降低。但是对于轴向拉伸和压缩载荷的情况，尺寸大小的影响不大。尺寸对疲劳极限影响的大小用尺寸影响系数$\varepsilon$来表示。

$$\varepsilon = \sigma_d/\sigma_0$$

（3）表面状况包括表面粗糙度、表面应力状态、表面塑性变形程度和表面缺陷等因素。在试验中采用的是表面磨光（或抛光）的标准试样，但实际零部件的表面则往往是机械加工表面的锻造表面和铸造表面。

（4）平均应力的影响

产生疲劳破坏的根本原因是动应力分量，但静应力分量即平均应力对疲劳极限也有一定影响。在一定的静应力范围内，压缩的静应力提高疲劳极限，拉伸的静应力降低疲劳极限。一般认为，残余应力对疲劳极限的作用同平均应力的作用相同。对一种材料，可根据它在各种平均应力或应力比下的疲劳极限结果画出疲劳极限图。

### 4. ANSYS 疲劳分析要点

（1）接触区域

接触区域可以包括在疲劳分析中。例如，改变载荷的方向或大小，如果发生分离，则可能导致主应力轴向发生改变；如果有非线性接触发生，那么必须小心使用，并且仔细判断；对于非线性接触，若是在恒定振幅的情况下，则可以采用非比例载荷的方法代替计算疲劳寿命。

提示：

在恒定振幅、成比例载荷情况下处理疲劳时，只能包含绑定（Bonded）和不分离（No-Separation）的线性接触，尽管无摩擦、有摩擦和粗糙的非线性接触也能够包括在内，但可能不再满足成比例载荷的要求。

能产生成比例载荷的任何载荷和支撑都可能使用，但有些类型的载荷和支撑不造成比例载荷。螺栓载荷对压缩圆柱表面侧施加均布力，相反，圆柱相反一侧的载荷将改变；预紧螺栓载荷首先施加预紧载荷，然后是外载荷，所以这种载荷是分为两个载荷步进行的；压缩支撑（Compression Only Support）仅阻止压缩法线正方向的移动，但也不会限制反方向的移动，像这些类型的载荷最好不要用于恒定振幅和比例载荷的疲劳计算。

对于应力分析的任何类型结果，都可能需要用到：应力、应变和变形-接触结果、应力工具"Stress Tool"。另外，进行疲劳计算时，需要插入疲劳工具条"Fatigue Tool"。在 Solution 子菜单下，从相关的工具条上添加【Tools】|【Fatigue Tool】，"Fatigue Tool"的明细窗中将控制疲劳计算的求解选项；疲劳工具条"Fatigue Tool"将出现在相应的位置中，并且也可添加相应的疲劳云图或结果曲线，这些是在分析中会被用到的疲劳结果。

（2）分析疲劳结果

定义了需要的结果以后，不定振幅情况就可以采用恒定振幅情况相似的方式，与应力分析一起或在应力分析以后进行求解。由于求解的时间取决于载荷历程和竖条尺寸，所在进行的求解可能要比恒定振幅情况的时间长，但它仍比常规 FEM 的求解快。

对于不定振幅情况，等效交变应力（Equivalent Alternating Stress）不能作为结果输出。这是因为单个值不能用于决定失效的循环次数，因而采用基于载荷历程的多个值。疲劳敏感性（Fatigue Sensitivity）对于寿命"块"也是可用的。

## 14.1.2 设计思路

如图 14-3 所示是一个板状构件的模型图，板状构件中间有安装孔，一端固定，一端承受 0~50kPa 的载荷，这里需要计算安装孔位置的疲劳寿命系数，其中板件的尺寸为 100×50，安装孔的直径为 10，弹性模量 $E=2\times10^{11}$Pa，泊松比为 0.3。

创建板状构件模型，使用平面构型即可，再添加安装孔并进行网格化，需要注意的是在疲劳分析部分，它是独立于其他分析外的。

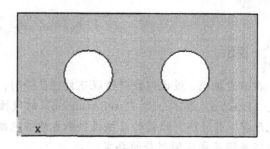

图 14-3 板状构件模型

## 14.2 案例设置

板状构件采用平面模型，是构件的截面部分，进行受力分析，网格部分进行智能网格化处理。

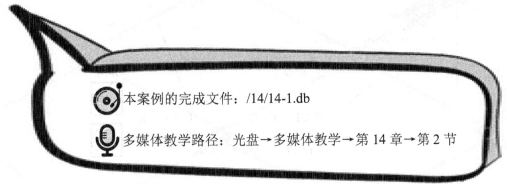

本案例的完成文件：/14/14-1.db

多媒体教学路径：光盘→多媒体教学→第 14 章→第 2 节

 **14.2.1 创建模型**

**Step1** 添加单元类型，如图 14-4 所示。

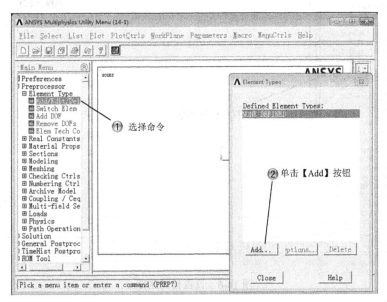

图 14-4 添加单元类型

**Step2** 设置单元类型，如图14-5所示。

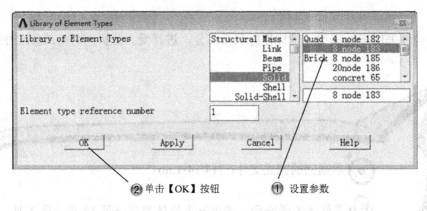

图14-5 设置单元类型

**Step3** 设置材料属性，如图14-6所示。

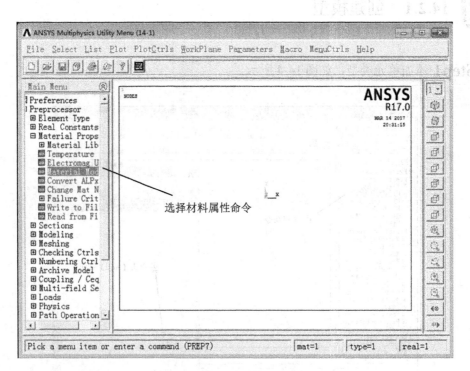

图14-6 设置材料属性

**Step4** 选择材料属性选项,如图 14-7 所示。

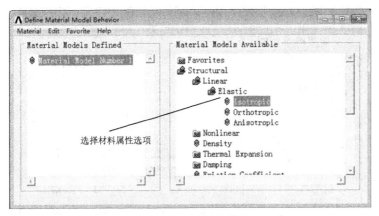

图 14-7　选择材料属性选项

**Step5** 设置材料参数,如图 14-8 所示。

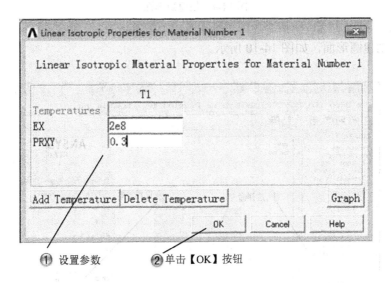

图 14-8　设置材料参数

> **提示:**
> 为了计算各种疲劳耗用系数,必须定义材料的疲劳性质并包含简化的弹塑性效应。

**Step6** 创建矩形面，如图 14-9 所示。

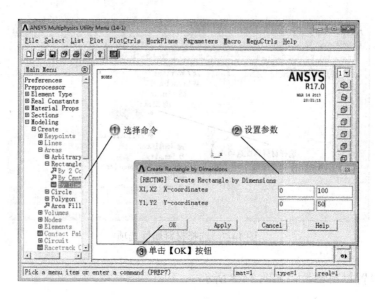

图 14-9　创建矩形面

**Step7** 创建圆形面，如图 14-10 所示。

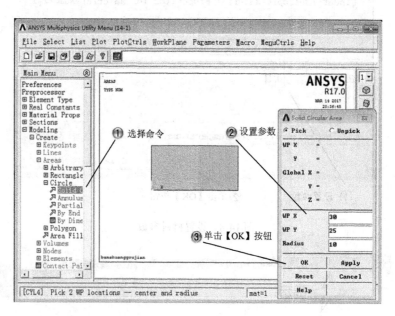

图 14-10　创建圆形面 1

**Step8** 创建圆形面，如图 14-11 所示。

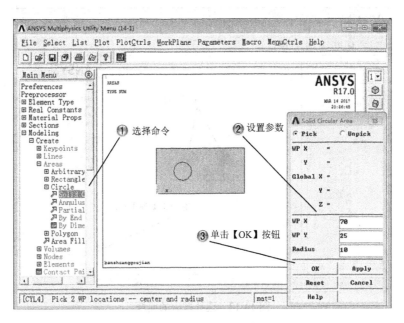

图 14-11　创建圆形面 2

**Step9** 布尔减运算，如图 14-12 所示。

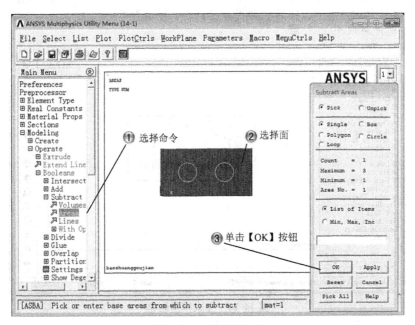

图 14-12　布尔减运算

**Step10** 选择减去的面域，如图 14-13 所示。

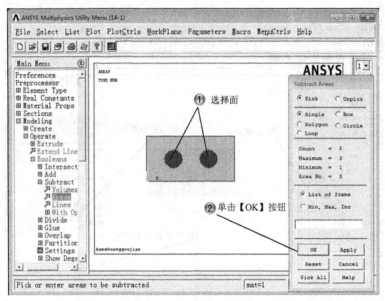

图 14-13 选择减去的面域

**Step11** 完成模型创建，如图 14-14 所示。

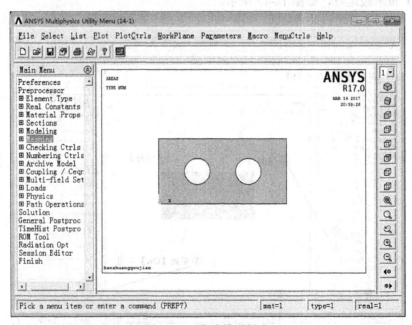

图 14-14 完成模型创建

## 14.2.2 模型网格化

**Step1** 设置网格化参数，如图 14-15 所示。

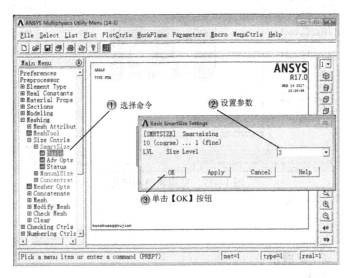

图 14-15　设置网格化参数

**Step2** 模型网格化，如图 14-16 所示。

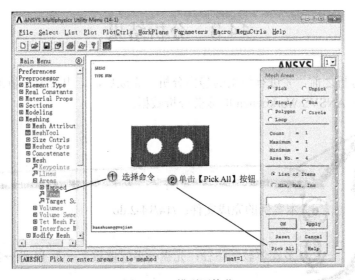

图 14-16　模型网格化

**Step3** 完成模型网格化，如图 14-17 所示。

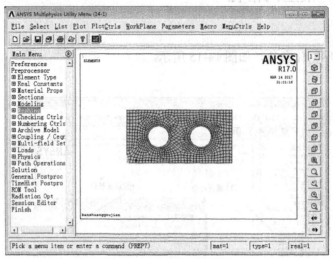

图 14-17 完成模型网格化

> **提示：**
> 为了计算横截面的应力，在该截面路径端点的线性化应力也将被计算和存储。

## 14.3 分析结果

进行疲劳分析之前，先进行模型的静力分析，完成后，运用疲劳分析工具计算疲劳参数，这里采用了 ANSYS Workbench 的疲劳分析数据。

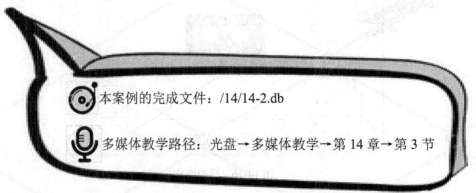

本案例的完成文件：/14/14-2.db

多媒体教学路径：光盘→多媒体教学→第 14 章→第 3 节

## 14.3.1 静力分析

**Step1** 设置选择对象,如图 14-18 所示。

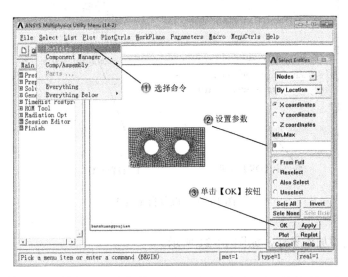

图 14-18 设置选择对象

**Step2** 添加边界,如图 14-19 所示。

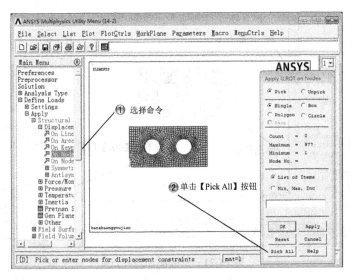

图 14-19 添加边界

**Step3** 设置自由度，如图 14-20 所示。

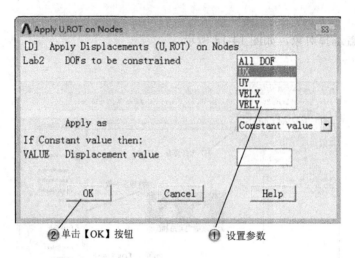

图 14-20　设置自由度 1

**Step4** 继续添加边界点，如图 14-21 所示。

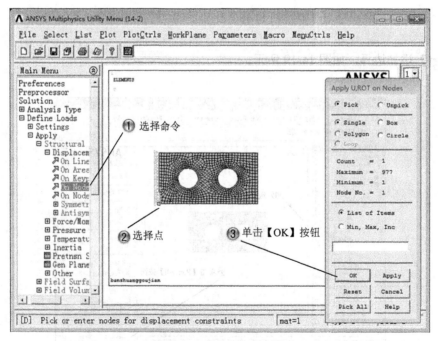

图 14-21　继续添加边界点

# 第 14 章
## 板状构件疲劳分析案例

**Step5** 设置自由度,如图 14-22 所示。

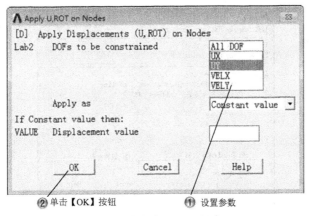

图 14-22 设置自由度 2

> **提示:**
> 为了进行疲劳计算,程序必须知道每一个位置上不同事件、不同载荷下的应力,以及每一个事件的循环次数。当然,也可以人工存储应力和温度。

**Step6** 添加载荷,如图 14-23 所示。

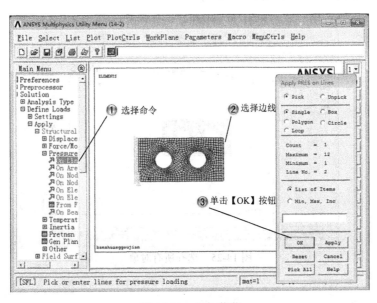

图 14-23 添加载荷

**Step7** 设置载荷参数，如图 14-24 所示。

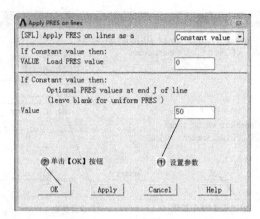

图 14-24 设置载荷参数

提示：

结构常常承受各种极值应力，它们发生的顺序是未知甚至是随机的。因此，就必须小心地考虑如何在各种可能的应力范围内得到正确的重复循环次数，以获得有效的疲劳寿命耗用系数。

**Step8** 选择所有对象，如图 14-25 所示。

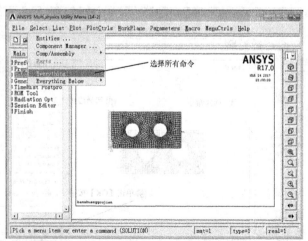

图 14-25 选择所有对象

# 第 14 章
## 板状构件疲劳分析案例

**Step9** 求解运算,如图 14-26 所示。

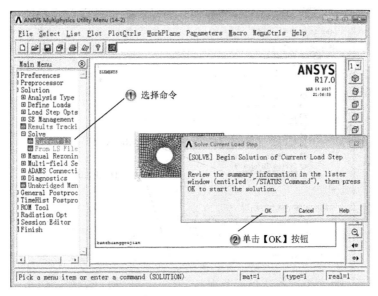

图 14-26 求解运算

**Step10** 选择等值图命令,如图 14-27 所示。

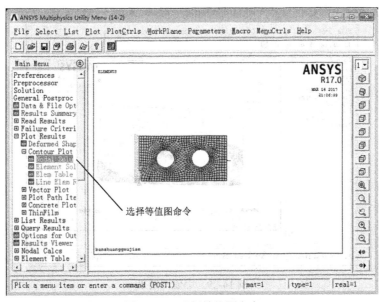

图 14-27 选择等值图命令

**Step11** 选择分析选项，如图 14-28 所示。

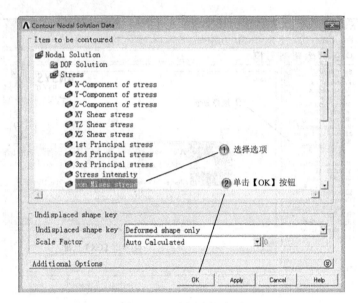

图 14-28　选择分析选项

**Step12** 等值图结果，如图 14-29 所示。

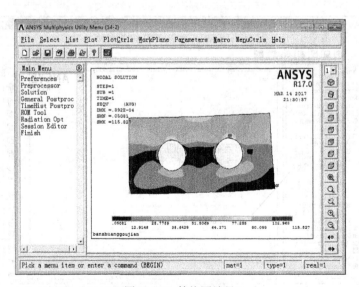

图 14-29　等值图结果

## 14.3.2 疲劳分析

**Step1** 输入材料疲劳参数，如图 14-30 所示。

图 14-30　输入材料疲劳参数

> **提示：**
> 由于在三维应力状态很难预测哪一个载荷步具有极值应力，可以对每一个事件采用多个载荷，以便成功获得极值应力。

**Step2** 查看材料疲劳参数曲线，如图 14-31 所示。

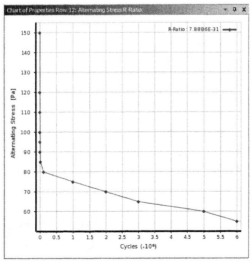

图 14-31　材料疲劳参数曲线

**Step3** 疲劳参数运算结果如图 14-32 所示。

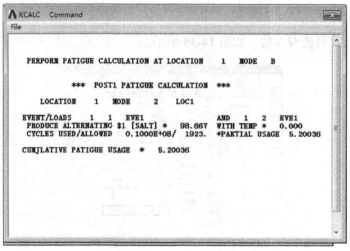

图 14-32 疲劳参数运算结果

## 14.4 案例小结

　　零件的疲劳损坏是因为在零件或构件表层上的高应力,或者强度比较低弱的部位区域产生疲劳裂纹,并进一步扩展而造成的。本章针对疲劳分析理论,详细介绍了板状构件的疲劳分析过程,通过这个案例,读者可以对 ANSYS 疲劳分析有一个整体的认识。

# 第 15 章

## 结构断裂分析案例

 **本章导读**

在许多结构和零部件中存在的裂纹和缺陷有时会导致灾难性后果。断裂力学在工程领域的应用就是要解决裂纹和缺陷的扩展问题。本章介绍的主要是 ANSYS 断裂理论和分析过程,读者可以结合案例进行学习。

| 学习目标<br>知识点 | 了解 | 理解 | 应用 | 实践 |
|---|---|---|---|---|
| 断裂理论 |  | √ |  |  |
| 断裂问题的解决方法 |  | √ | √ |  |
| 结构断裂分析 |  | √ | √ | √ |
|  |  |  |  |  |
|  |  |  |  |  |

学习要求

## 15.1 案例分析

### 15.1.1 知识链接

**1. 断裂力学理论**

断裂事故在机械领域中是比较常见的。一方面，由于传统的设计是以完整构件的静强度和疲劳强度为依据，并给出较大的安全系数，但是含裂纹的设备还是常有断裂事故发生。另一方面，对于一些关键设备，缺乏对不完整构件剩余强度的估算，让其提前退役，从而造成了不必要的浪费。因此，对含裂纹构件的断裂参量进行评定就变得很重要，比如计算应力强度因子和 J 积分。确定应力强度因子的方法较多，典型的有解析法、边界配位法、有限单元法等。对于工程上常见的受到复杂载荷并包含不规则裂纹的构件，数值模拟分析是解决这些复杂问题的最有效方法。

断裂力学是研究载荷作用下结构中的裂纹是怎样扩展的，并对有关的裂纹扩展和断裂失效用实验的结果进行预测。它是通过计算裂纹区域和破坏结构的断裂参数来预测的，如应力强度因子，它能估算裂纹扩展速率。在一般情况下，裂纹的扩展是随作用在构件上的循环载荷次数增加的，如飞机机翼的裂纹扩展，它与飞机飞行受力有关。此外，环境条件，如温度，或者大范围的辐射都影响材料的断裂特性。

典型的断裂参数如下，断裂的模型一般分三种，如图 15-1 所示。

（1）伴随着三种断裂模型的应力强度因子（K1、K2、K3）。

（2）J 积分的定义为与积分路径无关的线积分，能度量裂纹尖端附近奇异应力与应变的强度。

（3）能量释放率（G），它反映裂纹张开或闭合时做功的大小。

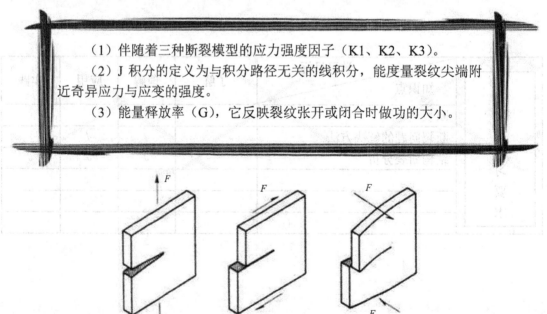

图 15-1 三种基本的断裂模型

**2. 断裂力学的求解**

求解断裂力学问题的步骤,包括先进行弹性分析或弹塑性静力分析,然后用特殊的后处理命令,或宏命令计算所需的断裂参数。这里我们主要讨论两个主要的处理过程:裂纹区域的模拟和计算断裂参数。

> ☆提示:
>
> 断裂分析包括应力分析和计算断裂力学的参数。应力分析是标准的 ANSYS 线弹性或非线性弹性问题分析。因为在裂纹尖端存在高的应力梯度,所以包含裂纹的有限元模型要特别注意存在裂纹的区域。

(1) 断裂参量的数值模拟

对于线弹性材料裂纹尖端的应力场和应变场可以表述如下。

$$\begin{cases} -\dfrac{K}{\sqrt{r}} f(\theta) \\ -\dfrac{K}{\sqrt{r}} f(\theta) \end{cases}$$

其中 $K$ 是应力强度因子,$r$ 和 $\theta$ 是极坐标参量,如图 15-2 所示,公式可以应用到三个断裂模型的任意一种。

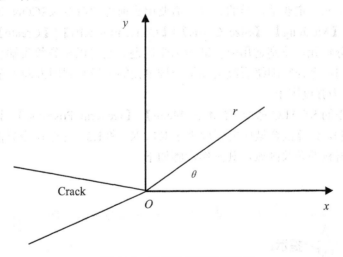

图 15-2 裂纹尖端的极坐标系

(2) 裂纹尖端区域的建模

裂纹尖端的应力和变形场通常具有很高的梯度值。变形场值的精确度取决于材料、几何和其他因素。为了捕获到迅速变化的应力和变形场,在裂纹尖端区域需要进行网格细化,如图 15-3 所示。对于线弹性问题，裂纹尖端附近的位移场与 $\sqrt{r}$ 成正比，其中 $r$ 是到裂纹尖端的距离。在裂纹尖端应力和应变是奇异的，并且随 $\dfrac{1}{\sqrt{r}}$ 变化而变化。为了产生裂纹尖端应力和应变的奇异性，裂纹尖端的划分网格应该具有以下特征。

（1）裂纹面一定要是一致的。
（2）围绕裂纹尖端或裂纹前缘的单元一定是二次单元，并且它的中间节点在四分之一边处，这样的单元也称为奇异单元。

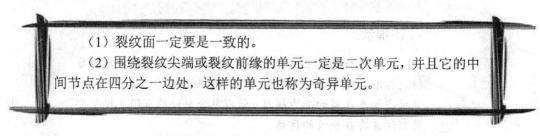

图 15-3 模型裂纹尖端区域网格细化

对于二维断裂问题，应该使用 PLANE183 类型，这是一个八节点二次实体单元。围绕裂纹尖端第一行单元一定要是奇异的。这里需要用到前处理命令 KSCON（【Main Menu】|【Preprocessor】|【Meshing】|【Size Cntrls】|【Concentrat KPs】|【Create】），这个命令会给围绕关键点划分单元，特别适用分析断裂力学问题。它可以在裂纹尖端自动产生奇异单元，并且可以利用命令控制围绕裂纹尖端第一排单元的半径和圆周方向上单元的数量。

（3）计算应力强度因子

利用后处理中的 KCALC 命令（【Main Menu】|【General Postproc】|【Nodal Calcs】|【Stress Int Factr】），计算混合型应力强度因子 K1、K2 和 K3。这个命令只能用于计算线弹性均匀各向同性材料的裂纹区域，其操作步骤如下。

提示：

当使用 KCALC 命令时，坐标系必须是激活的模型坐标系"CSYS"和结果坐标系"RSYS"。

①定义裂纹尖端或裂纹前缘局部坐标系

$X$ 轴一定要平行于裂纹面（在 3D 中垂直于裂纹前缘），并且 $Y$ 轴垂直于裂纹面。

②定义沿着裂纹面的路径

定义沿裂纹面的路径，应以裂纹尖端作为路径的第一点。对于半个裂纹模型而言，沿裂纹面需要有两个附加点，这两个点都要沿着裂缝面；对于整体裂纹模型，则应包括两个裂纹面，共需要四个附加点，两个点沿一个裂纹面，其他两个点沿另一个裂纹面。

③计算应力强度因子

KCALC 命令中的 KPLAN 域用于指定模型是平面应变或平面应力。除了薄板的分析，在裂纹尖端附近或其渐近位置，其应力一般是考虑为平面应变。KCSYM 域用来指定半裂纹模型是否具有对称边界条件、反对称边界条件或是整体裂纹模型。

## 15.1.2 设计思路

如图 15-4 所示，在一块平板构件上有一条水平裂纹，平板受到双向的均布拉力，需要考虑在该力作用下平板强度的问题，计算裂纹的应力强度因子。模型的弹性模量 $E=30\times10^6$psi，泊松比系数为 0.3，裂纹的长为 2，平板构件的尺寸为 $10\times5\times0.25$，均布压力为 0.56psi。

因为是一个对称问题，只取四分之一建模，并把裂纹尖端点作为坐标原点。几何建模时对于裂纹用直线表示，而由于裂纹尖端存在很高的应力梯度，需要对此处仔细划分网格。本案例的模型依然采用面域进行分析，在裂纹处进行精细网格，最后使用后处理工具进行疲劳强度因子计算。

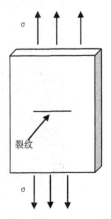

图 15-4 平板结构模型

## 15.2 案例设置

平板结构的模型可以对其四分之一进行分析,这里创建其四分之一的截面模型,并进行分析,在模型网格化过程中,要注意在断裂点的精细化分格。

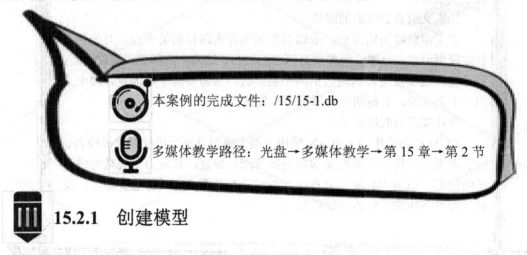

本案例的完成文件:/15/15-1.db

多媒体教学路径:光盘→多媒体教学→第 15 章→第 2 节

### 15.2.1 创建模型

**Step1** 添加单元类型,如图 15-5 所示。

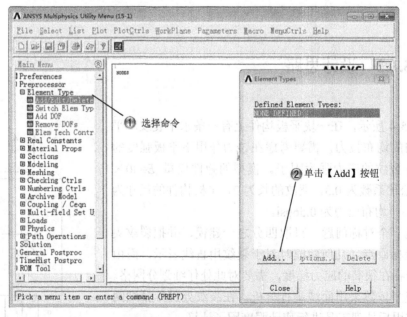

图 15-5 添加单元类型

# 第 15 章
## 结构断裂分析案例

**Step2** 设置单元类型,如图 15-6 所示。

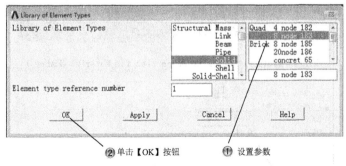

图 15-6 设置单元类型

**Step3** 选择材料属性命令,如图 15-7 所示。

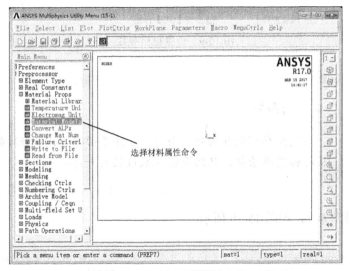

图 15-7 选择材料属性命令

**Step4** 选择材料属性选项,如图 15-8 所示。

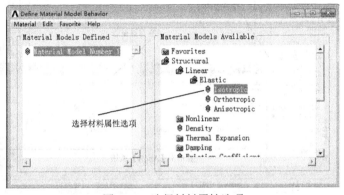

图 15-8 选择材料属性选项

**Step5** 设置材料参数，如图 15-9 所示。

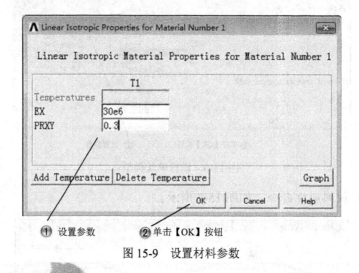

图 15-9 设置材料参数

> **提示：**
> 模型尽可能利用对称条件。在许多情况下，根据对称或反对称边界条件，只需要模拟裂纹区的一半。

**Step6** 创建节点 1，如图 15-10 所示。

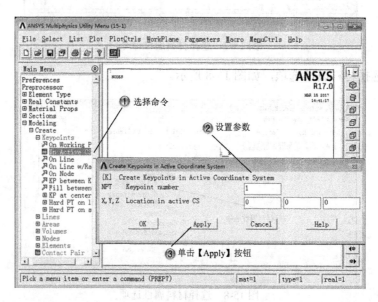

图 15-10 创建节点 1

# 第 15 章
## 结构断裂分析案例

**Step7** 创建节点 2,如图 15-11 所示。

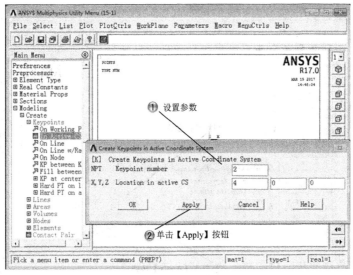

图 15-11 创建节点 2

**Step8** 创建节点 3,如图 15-12 所示。

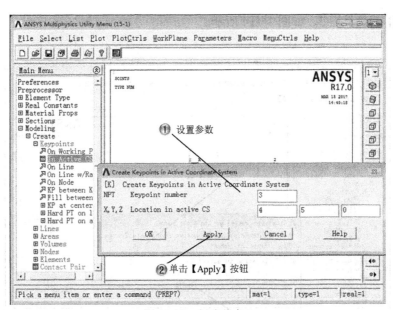

图 15-12 创建节点 3

**Step9** 创建节点 4，如图 15-13 所示。

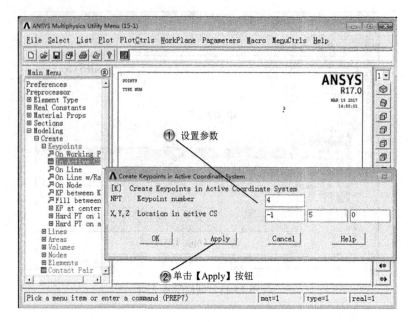

图 15-13 创建节点 4

**Step10** 创建节点 5，如图 15-14 所示。

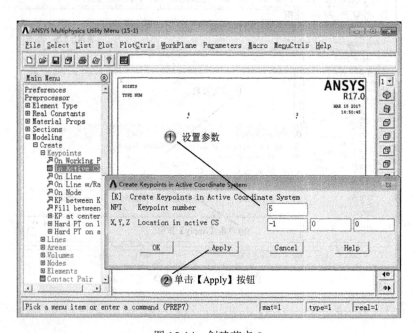

图 15-14 创建节点 5

# 第 15 章
## 结构断裂分析案例

**Step11** 创建直线 1,如图 15-15 所示。

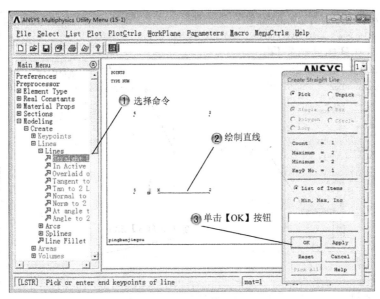

图 15-15　创建直线 1

**Step12** 创建直线 2,如图 15-16 所示。

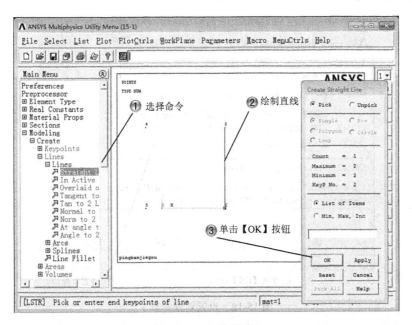

图 15-16　创建直线 2

**Step13** 划分直线 2,如图 15-17 所示。

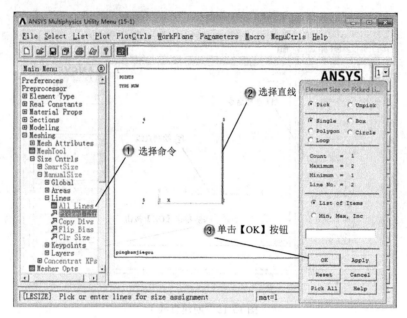

图 15-17　划分直线 2

**Step14** 设置划分参数,如图 15-18 所示。

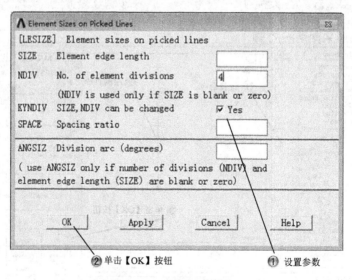

图 15-18　设置划分参数 1

# 第 15 章
## 结构断裂分析案例

**Step15** 创建直线 3,如图 15-19 所示。

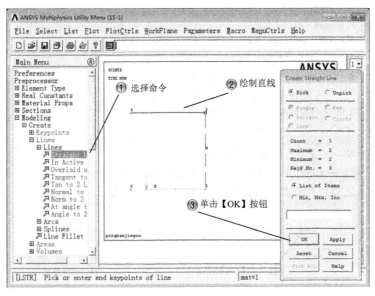

图 15-19　创建直线 3

**Step16** 划分直线 3,如图 15-20 所示。

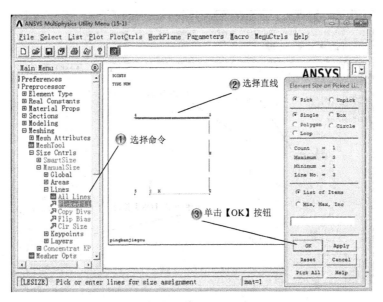

图 15-20　划分直线 3

**Step17** 设置划分参数，如图 15-21 所示。

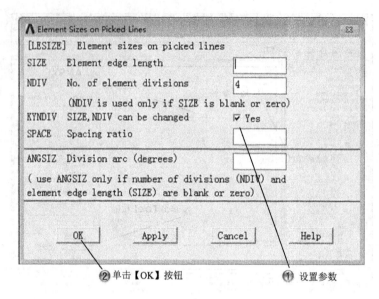

图 15-21　设置划分参数 2

**Step18** 绘制直线 4，如图 15-22 所示。

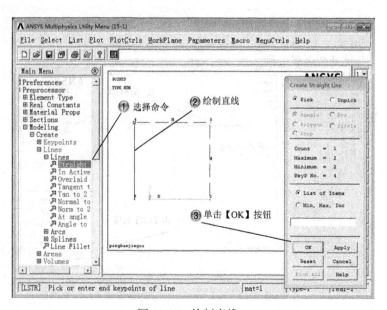

图 15-22　绘制直线 4

# 第 15 章
## 结构断裂分析案例

**Step19** 划分直线 4，如图 15-23 所示。

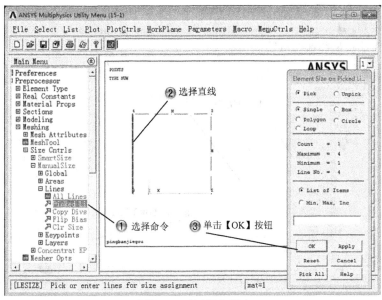

图 15-23　划分直线 4

**Step20** 设置划分参数，如图 15-24 所示。

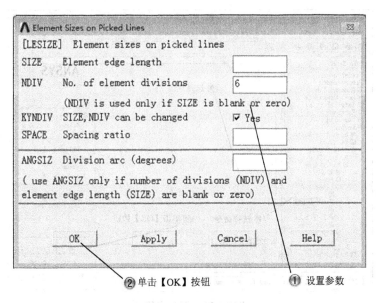

图 15-24　设置划分参数 3

**Step21** 绘制直线 5，如图 15-25 所示。

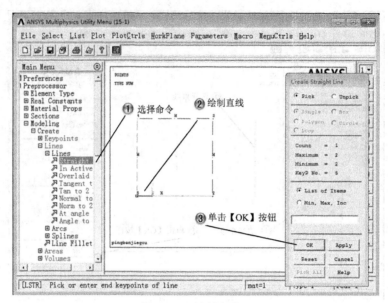

图 15-25  绘制直线 5

**Step22** 划分直线 5，如图 15-26 所示。

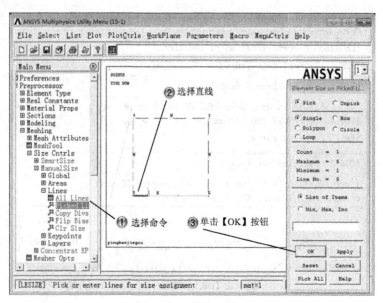

图 15-26  划分直线 5

# 第 15 章
## 结构断裂分析案例

**Step23** 设置划分参数，如图 15-27 所示。

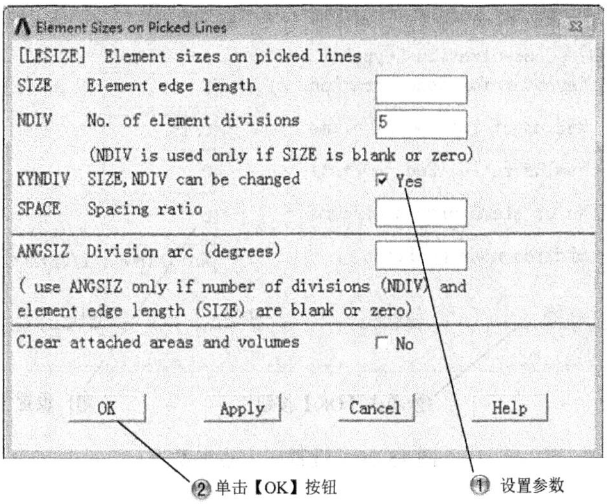

图 15-27 设置划分参数 4

**Step24** 创建应力集中点，如图 15-28 所示。

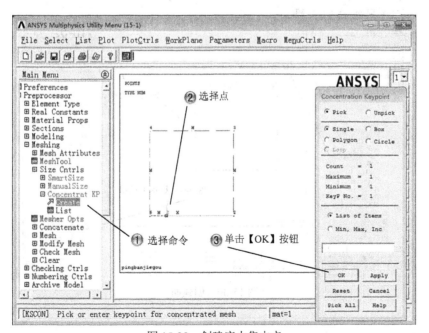

图 15-28 创建应力集中点

⚡ **Step25** 设置应力点参数，如图 15-29 所示。

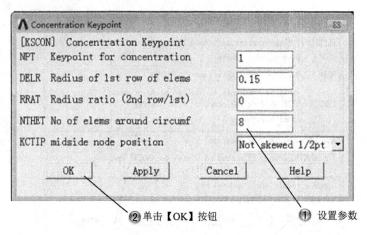

图 15-29　设置应力点参数

⚡ **Step26** 创建面，如图 15-30 所示。

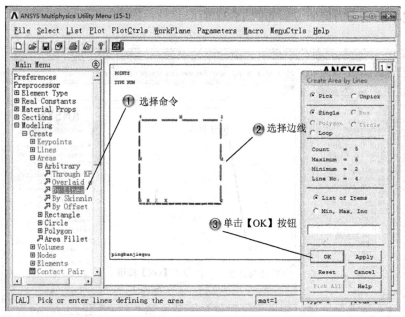

图 15-30　创建面

**Step27** 完成模型,如图 15-31 所示。

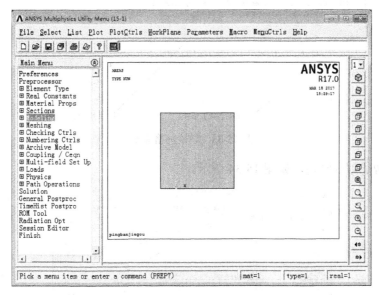

图 15-31　完成模型

 **15.2.2　模型网格化**

**Step1** 选择网格化参数命令,如图 15-32 所示。

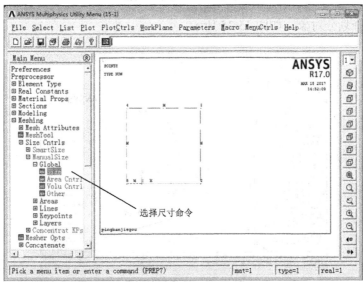

图 15-32　选择网格化参数命令

**Step2** 设置网格参数，如图 15-33 所示。

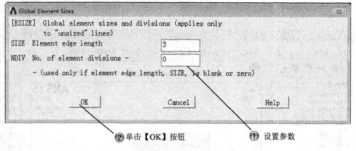

图 15-33　设置网格参数

**Step3** 智能划分网格，如图 15-34 所示。

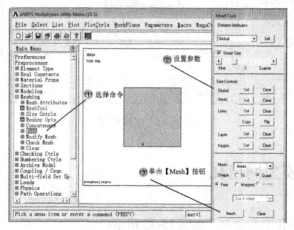

图 15-34　智能划分网格

**Step4** 选择划分对象，如图 15-35 所示。

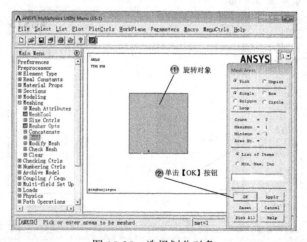

图 15-35　选择划分对象

**Step5** 完成网格划分，如图 15-36 所示。

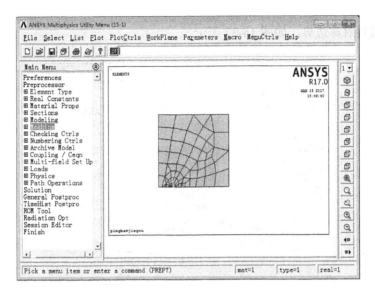

图 15-36　完成网格划分

> 提示：
> 在断裂中最重要的区域是围绕裂纹边缘的部位。裂纹的边缘在 2D 模型中称为裂纹尖端，在 3D 模型中称为裂纹前缘。

## 15.3　分析结果

由于模型比较简单，所以直接进行边界和载荷的确定，而在断裂分析部分，需要设置断裂前缘局部坐标系和裂纹面的路径。

本案例的完成文件：/15/15-2.db、KCALC.lis

多媒体教学路径：光盘→多媒体教学→第 15 章→第 3 节

## 15.3.1 静力分析

**Step1** 设置对称边界,如图15-37所示。

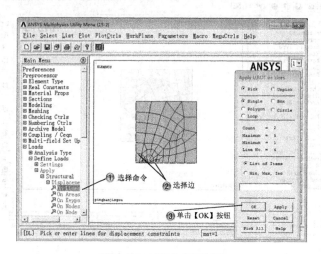

图15-37 设置对称边界

提示:

求解断裂力学问题的步骤包括先进行弹性分析或弹塑性静力分析,然后,用特殊的后处理命令或宏命令计算所需的断裂参数。

**Step2** 设置边界自由度,如图15-38所示。

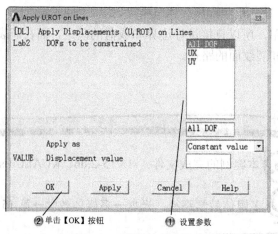

图15-38 设置边界自由度

# 第 15 章
## 结构断裂分析案例

**Step3** 约束裂纹尖端，如图 15-39 所示。

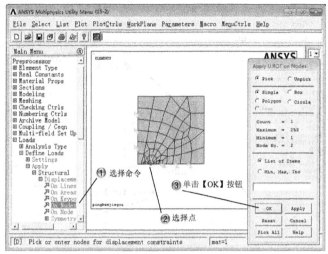

图 15-39　约束裂纹尖端

**Step4** 设置尖端自由度，如图 15-40 所示。

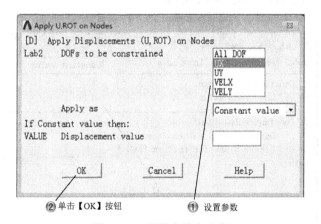

图 15-40　设置尖端自由度

> 提示：
> 　　除了薄板的分析，在裂纹尖端附近和它的渐近位置，其应力一般是平面应变。

**Step5** 设置载荷应力，如图 15-41 所示。

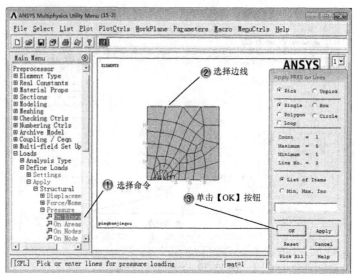

图 15-41 设置载荷应力

**Step6** 设置应力参数，如图 15-42 所示。

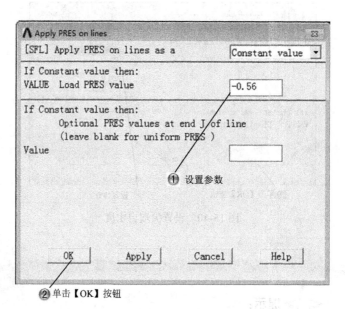

图 15-42 设置应力参数

# 第 15 章 结构断裂分析案例

**Step7** 求解运算,如图 15-43 所示。

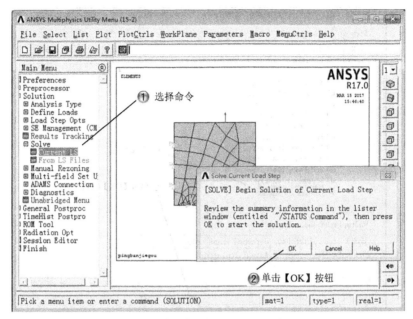

图 15-43  求解运算

**Step8** 选择应力云图命令,如图 15-44 所示。

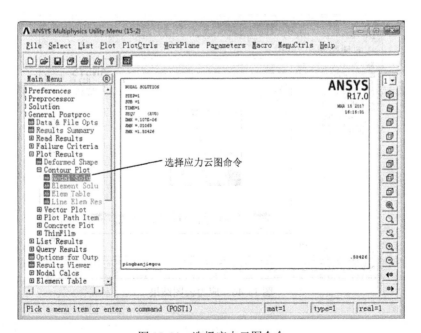

图 15-44  选择应力云图命令

**Step9** 选择应力云图选项，如图 15-45 所示。

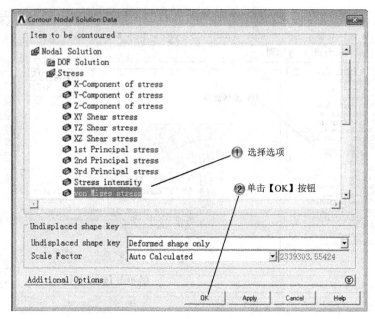

图 15-45　选择应力云图选项

**Step10** 应力云图结果，如图 15-46 所示。

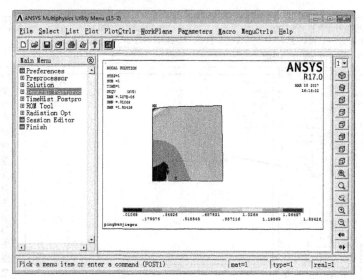

图 15-46　应力云图结果

# 第 15 章 结构断裂分析案例

## 15.3.2 断裂分析

**Step1** 设置裂纹尖端局部坐标系,如图 15-47 所示。

图 15-47 设置裂纹尖端局部坐标系

**Step2** 选择坐标系零点,如图 15-48 所示。

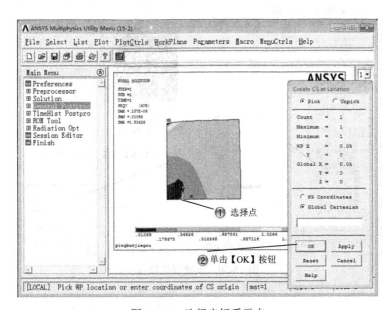

图 15-48 选择坐标系零点

· 461 ·

**Step3** 设置坐标系参数，如图15-49所示。

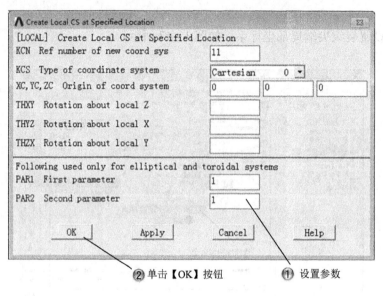

图15-49　设置坐标系参数

**Step4** 创建裂纹路径，如图15-50所示。

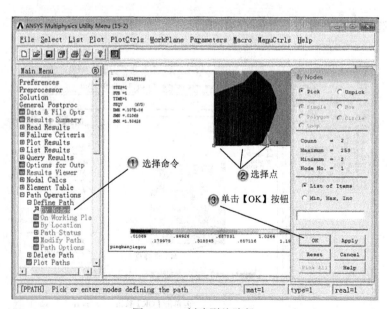

图15-50　创建裂纹路径

# 第 15 章
## 结构断裂分析案例

**Step5** 设置裂纹路径参数，如图 15-51 所示。

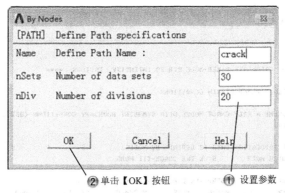

图 15-51 设置裂纹路径参数

**Step6** 设置路径参数，如图 15-52 所示。

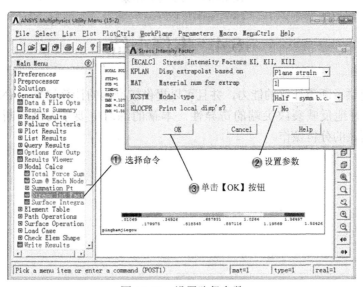

图 15-52 设置路径参数

提示：

"Stress Int Factr"命令仅适用于分析在裂纹区域附近具有均匀的各向同性材料的线弹性问题。

**Step7** 疲劳分析结果，如图 15-53 所示。

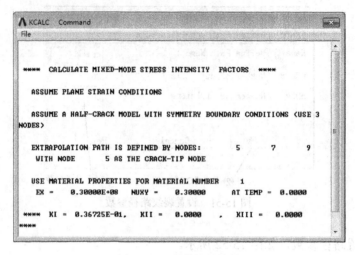

图 15-53 疲劳分析结果

## 15.4 案例小结

ANSYS 提供了断裂计算的能力，并且可以提供较准确的计算结果，ANSYS 的裂纹奇异单元可以很好地反映裂纹尖端的奇异性。本章的练习主要学习结构断裂理论，以及 ANSYS 结构断裂的分析操作。